「改变人生命运、成就一生幸福」

90 10

90/10YUANLI

原理

[倪先平◎编著]

人生不可改变的10% **命**

和能够把握的90% **运**

图书在版编目(CIP)数据

90/10原理 / 倪先平编著. -北京：中国华侨出版社，2009
ISBN 978-7-5113-0135-2

Ⅰ.①9… Ⅱ.②倪… Ⅲ.①成功心理学-通俗读物

Ⅳ.①B848.4-49

中国版本图书馆CIP数据核字（2009）第194037号

● **90/10原理**

编　　著／倪先平

责任编辑／文　雨

版式设计／张涛工作室

责任校对／高晓华

经　　销／新华书店

开　　本／710毫米×1000毫米　1/16　印张／16　字数／200千字

印　　刷／北京市通县华龙印刷厂

版　　次／2010年1月第1版　2010年1月第1次印刷

书　　号／ISBN 978-7-5113-0135-2

定　　价／28.00元

中国华侨出版社　北京市安定路20号院3号楼305室　邮编：100029

法律顾问：陈鹰律师事务所

编辑部：(010) 64443056　64443979

发行部：(010) 64443051　传真：(010) 64439708

网　　址：www.oveaschin.com

E-mail：oveaschin@sina.com

前 言／PREFACE

什么是90／10原理？即在您的一生中，只有10%的事情您无能为力，而90%的事情都在您的把握之中。这样来说似乎太抽象，我们不妨先来看个故事：

杰克先生正与家人共进早餐，女儿不小心打翻了咖啡杯，弄脏了他的西服。这是突发事件，谁也无法阻止它发生，而接下来事情如何发展，则完全取决于杰克先生的反应。

一种情形是：

杰克先生勃然大怒，严厉地训斥女儿，她大哭起来。训斥完女儿，他又把愤怒的矛头转向一旁的太太，责怪她把咖啡杯放得离桌沿太近，惹得太太与他发生了争吵。之后他愤然上楼，换了件干净衣服，下楼时发现女儿仍然在哭，耽误了早餐，也因此错过了校车。太太也要赶时间，所以他要负责送女儿去学校。由于已经迟到，他以40km/h的时速在限速30km/h的区域飞驰，为此他被罚款60美金并且耽误了额外的15分钟。学校到了，女儿头也不回地径直奔向学校。当他到公司时，已经迟到了20分钟，而且这时他发现忘了带公文包。接下来的这一天，事情变得越来越糟糕，他期盼着能够早点儿下班回家。回到家中，却明显感觉到女儿和太太对他的疏远。

另外一种情形是：

咖啡杯不小心打翻，弄脏了他的衣服，女儿马上就要哭了，他却温柔地说："孩子，没关系，下次小心一点儿就好了。"他拿起餐巾稍加擦拭，然后上楼换了件干净衣服。提起公文包准时下楼，通过窗户目送女儿上了校车，女儿转身向他挥手再见。他提前五分钟到达公司，并愉快地跟同事们问好，美好的一天就此开始。

故事中，有着同样的开头，却有着完全不一样的结局。是不是感觉有点儿不可思议呢？其实道理很简单，生活中有些事情是您真的无能为力的，就像故事中打翻的咖啡杯；但是大部分情况，却又是您可以掌控或改变的，比如接下来杰克先生那五秒钟的表现就会决定他完全不同的一天。

生活中，我们也会常常遇到类似的情况。您可能无法阻止汽车老化出故障，无法预料飞机的晚点，无法预知天气情况，我们的行程可能被司机耽误在路上，我们计划好的郊游可能遭遇一场意外的大雨，甚至我们的人生也会发生意想不到的变故等等，这些都是我们没有办法控制的事情，这就是我们所说的"无能为力的10%"。

然而，如果您能够把握好剩下的90%，那么情况就会不一样了。比如您在上班的途中遇到了塞车，虽然您左右不了红灯，但您却能控制等车的情绪；飞机晚点，或您的汽车出现故障而延误了行程，虽然您无法

前 言／PREFACE

改变这个事实，但您却能转移自己的注意力，观察一下路边行人，也许您会欣赏到平时看不见的风景；在公司上班，有些同事在您背后说坏话，虽然您无法改变他们的言辞，但却可以改变自己，只要您能不放在心上，原谅那些喜欢搬弄是非的人，用宽容的心态面对这一切，或许您会因而多交了一些朋友；人生遭到可怕的变故，虽然您躲避不了这个厄运，但您却能磨练自己的意志，想想我们都是被上帝咬过的苹果，每个人的一生都会留有遗憾，您也许就会因此变得乐观而勇敢……

现在您看到90／10原理的神奇力量了吧。其实，生活中我们每个人都需要运用90／10原理。

本书的目的就在于通过多角度多方位地对人生和命运进行探讨，融注大量寓言、哲理故事和事实阐释这一原理，希望能够给人以启迪，让人们明白如何才能在当今社会拥有一颗健康的心灵，保持积极乐观的心态，去实现理想，获得成功，创造幸福美好的人生！相信读者一定会从中受益，把书中的指导原理运用到现实生活当中，获得心灵的洗涤与升华！

目 录／CONTENTS

上篇：把握人生命运的90%

第1章：换种心态，你会发现另一个世界 …… 3

>>> 1.转角看世界 ……………………… 4
>>> 2.好心态是成功的第一步 …………… 6
>>> 3.乐观面对，逆境中也会开出灿烂之花 …… 8
>>> 4.驾驭自己的人生 …………………… 10
>>> 5.迎接仅有一次的人生 ……………… 12
>>> 6.态度有时比什么都重要 …………… 14
>>> 7.以强者的心态穿越困境 …………… 16
>>> 8.平淡的心态 ………………………… 19

第2章：不要急躁，做个安静的守候者 …… 23

>>> 1.做个安静的守候者 ………………… 24
>>> 2.成功需要耐心等待 ………………… 26
>>> 3.总会轮到你 ………………………… 30

>>> 4.脚步放慢，风景会更美 ……………… 31

>>> 5.忍耐创造奇迹 ………………………… 34

>>> 6.跌倒了别急着站起来 ………………… 36

>>> 7."熬"住就是胜利 …………………… 39

>>> 8.学会冷静 ……………………………… 41

第3章：宽容他人，让心灵得到释放 ……… 45

>>> 1.从自己内心开始 ……………………… 46

>>> 2.原谅曾伤害过你的人 ………………… 49

>>> 3.宽恕也是一种美丽 …………………… 52

>>> 4.人生的"仇恨袋" …………………… 54

>>> 5.宽恕别人，解放自己 ………………… 56

>>> 6.请放下你的手指 ……………………… 58

>>> 7.宽容是一片晴天 ……………………… 60

>>> 8.爱要宽容 ……………………………… 62

第4章：学会坚强，做个勇敢的角斗士 ……… 65

>>> 1.做块燃烧的"木柴" ………………… 66

>>> 2.困难使我们更强大 …………………… 68

目 录／CONTENTS

>>> 3.用意志拯救自己 ………………………… 70

>>> 4.意志力的睿智抉择 ……………………… 73

>>> 5.站桩的启示 ……………………………… 75

>>> 6.打造自己的意志力 ……………………… 78

>>> 7.避免"羚羊的思维" …………………… 81

>>> 8.信念的力量 ……………………………… 83

>>> 9.不言放弃，是生命永远美丽的主题 …… 85

第5章：改变人生，做自己命运的掌舵手 …… 89

>>> 1.命运掌握在自己手里 …………………… 90

>>> 2.你的成功你决定 ………………………… 92

>>> 3.失败永远在你的背面 …………………… 94

>>> 4.让自己无路可退 ………………………… 96

>>> 5.做个有主见的人 ………………………… 98

>>> 6.相信自己、肯定自己 …………………… 100

>>> 7.走自己认为对的路 ……………………… 103

>>> 8.穿越人生的绝境 ………………………… 105

>>> 9.牌是上帝发的 …………………………… 108

>>> 10.做条奔腾的小河 ……………………… 110

下篇：面对无能为力的10%

第6章：我们都是被上帝咬过的苹果 ········· 115

>>> 1. 我们都需要"阿Q精神" ················· 116
>>> 2. 有时缺陷也可以变成优势 ············· 118
>>> 3. 敢于不如人 ··············· 120
>>> 4. 学会接纳并热爱自己的缺陷 ············· 123
>>> 5. 每个人都有自己的优点 ··············· 126
>>> 6. 学会从自卑中解脱 ················· 128
>>> 7. 原谅别人，因为他也是被咬过的苹果 ······· 131
>>> 8. 生命的圆满 ················· 133
>>> 9. 人生不要太圆满 ··············· 135
>>> 10. 不完美的完美 ··············· 137

第7章：无法改变现实，就试着改变自己 ······· 139

>>> 1. 坦然面对现实 ················· 140
>>> 2. 不要扮演生活的受害者 ············· 143
>>> 3. 找一片适合自己的天空 ············· 145

目 录／CONTENTS

➤➤➤ 4.上帝给的礼物 ················· 147

➤➤➤ 5.改变你的思想 ················· 150

➤➤➤ 6.机会靠自己去创造 ·············· 153

➤➤➤ 7.学习改变人生 ················· 156

➤➤➤ 8.实现人生的跨越 ··············· 158

第8章：不要给自己抱怨的机会 ············· 161

➤➤➤ 1.不抱怨的人，更容易收获快乐 ········ 162

➤➤➤ 2.学会以德报怨 ················· 165

➤➤➤ 3.给爱一个空间 ················· 168

➤➤➤ 4.只是一只空船 ················· 170

➤➤➤ 5.上帝不会偏爱任何人 ············· 172

➤➤➤ 6.抱怨与借口 ··················· 174

➤➤➤ 7.不要抱怨你的父母 ·············· 178

➤➤➤ 8.抱怨不如去改变 ··············· 181

➤➤➤ 9.要感恩不要抱怨 ··············· 184

第9章：学会忘记 …………………………………… 187

>>> 1. 善忘者才能常乐 ………………………………… 188

>>> 2. 忘记与铭记 ………………………………………… 190

>>> 3. 忘记失败 …………………………………………… 193

>>> 4. 忘记过去，从"0"开始 ………………………… 196

>>> 5. 做一条善于忘记的鱼 …………………………… 198

>>> 6. 生命如此短暂 ……………………………………… 200

第10章：做一个积极的付出者 ………………… 203

>>> 1. 付出才会有收获 …………………………………… 204

>>> 2. 再试一次 …………………………………………… 206

>>> 3. 满满一大杯牛奶 …………………………………… 208

>>> 4. 要得到喝彩与掌声，就要付出超人的努力 …… 210

>>> 5. 坚持付出多于回报 ………………………………… 212

>>> 6. 学会付出，享受快乐人生 ……………………… 214

>>> 7. 不停地奔跑 ………………………………………… 216

>>> 8. 不要吝惜你的付出 ………………………………… 218

目 录／CONTENTS

第11章：恐惧是我们的大敌 ……………… 221

>>> 1.人与大海的另类接触 ……………… 222

>>> 2.不要让恐惧"吞噬"成功 ……………… 225

>>> 3.大胆选择，摈弃恐惧心理 ……………… 227

>>> 4.不要畏惧贫穷 ……………… 229

>>> 5.犹太人的"风险游戏" ……………… 231

>>> 6.点点头，说声"是" ……………… 234

>>> 7.不要害怕死亡 ……………… 237

>>> 8.恐惧是我们的大敌 ……………… 239

Part 1

上 篇

把握人生命运的90%

◎ 第 1 章　换种心态，你会发现另一个世界

◎ 第 2 章　不要急躁，做个安静的守候者

◎ 第 3 章　宽容他人，让心灵得到释放

◎ 第 4 章　学会坚强，做个勇敢的角斗士

◎ 第 5 章　改变人生，做自己命运的掌舵手

第 1 章

换种心态，你会发现另一个世界

世界上没有绝对不好的事情，只有绝对不好的心态。虽然我们决定不了生命的长度，但我们可以改变它的宽度；我们不能左右天气，但可以控制好心情；我们不能事事顺利，但可以样样尽力。所以，换种心态、换种想法，你会发现又是另一个世界，那里充满阳光、希望、鲜花与掌声……

1. 转角看世界

　　曾经有这样一个故事：

　　一天，一个年轻人站在悬崖边，痛不欲生，这时一位老者一边笑一边走过来，年轻人不禁叫住老者问："老人家，你为何而乐呢？"老者道："天地之间，以人为尊，我生而为人；星辰之中，惟日月灿烂，我能早晚相伴；百草之中，是五谷养人，我能终生享用，何乐而不为呢？"老人见年轻人还是那么一筹莫展，就笑盈盈地问："一块泥土与一块金子，哪个更自卑？如果给你一粒种子，去培育生命，哪个更有价值？"说完老人朗笑而去，年轻人顿然释然。

　　其实，只要我们换一种角度，转个弯去思考、观察，就不难发现，生命是那么地美好，那么地充满活力，同样是半块甜面圈，为什么有人悲叹道："哎，只剩半块了！"有人则道："呀，还有半块呢！"同样一种生活，为什么有人过得有滋有味？有人则陷入绝望的泥潭？因为他们正从两个不同的角度看世界！

　　生活的苦乐忧喜其实没的选择，只要是人就得学会面对与承受——也许是压力，也许是磨难，也许是误解，也许是意外，还有很多的欢乐与幸福。生活中的意外要远远比快乐多得多，但只要用你有所准备的态度来面对，就会发现人生充满更多的惊喜。

　　瑟尔玛·汤普森的丈夫所在的部队驻扎在加州的陆军基地。为了能和丈夫经常相聚，瑟尔玛女士搬到了陆军基地附近去居住，那里是一个令人厌恶的地方，瑟尔玛此前从没有见过这么恶劣的地方，当她丈夫外出演习时，她一个人呆在一间小房子里，即使在仙人掌的树荫下，温度也能达到华氏125度。身边没有一个可以和她谈话的人，风沙很大，所有吃的东西都掺入一种沙子的味道。

瑟尔玛女士感觉自己倒霉和可怜到了极点，于是，忍无可忍的她开始给父母写信，说她要回家，要离开这个让她愤怒的鬼地方。不久，她的父亲回信了，她撕开信封一看，信页上只有一句话："有两个人从铁窗朝外望去，一个看到的是满地的泥泞，另一个看到的却是满天的繁星。"

就是这样一句简简单单的话，改变了瑟尔玛女士的一生，她把这句话不知反复念了多少遍，之后，她为自己的逃避深感丢脸，她开始去找目前境况的闪光点，找寻属于自己的一片星空。

她试着和当地的居民交朋友，这些朴实的居民对她的影响很大，他们把她喜欢的当地纺织品和陶艺品作为礼物送给她，还把一些不舍得卖给游客的心爱之物送给她。让她得以观赏各种各样的仙人掌和当地植物，还有一些小动物，像土拨鼠之类，还观赏沙漠美丽的黄昏景色，去寻找300万年前的贝壳化石，因为在那个年代这里曾是海底……

是什么带来了这些惊人的改变呢？沙漠这个地方恶劣的环境依旧，并没有发生改变，改变的只是瑟尔玛女士自己。因为她的态度改变了，正是这种改变使她有了一段精彩的人生经历，才让她发现了令自己觉得既刺激又兴奋的新天地。

所以，我们要使自己不被残酷的现实所左右，要想发现生活给我们展现的另一种美，就要怀有积极的态度，善于挖掘、利用自身的优势资源。虽然我们不能改变命运的安排，但谁也无法剥夺我们作为自我主人的权利。如果我们能够换个角度，转个弯去看世界，你就会惊奇地发现，原来人生还会有另外一道风景！

2．好心态是成功的第一步

人与人之间原来只有微小的差异，但这种微小的差异却往往造成巨大的差异。而造成这种差异的，正是你的心态。

心态具有多大的力量呢？通过下面两个试验告诉你。

有一个教授找了九个人做试验。教授说，你们九个人听我的指挥，走过这个曲曲弯弯的小桥，千万别掉下去，不过掉下去也没关系，底下就是一点水。九个人听明白了，哗啦哗啦都走过去了。走过去后，教授打开了一盏黄灯，透过黄灯九个人看到，桥底下不仅仅是一点水，而且还有几条在蠕动的鳄鱼。九个人吓了一跳，庆幸刚才没掉下去。教授问，现在你们谁敢走回去？没人敢走了。教授说，你们要用心理暗示，想象自己走在坚固的铁桥上，诱导了半天，终于有三个人站起来，愿意尝试一下。第一个人颤颤巍巍，走的时间多花了一倍；第二个人哆哆嗦嗦，走了一半再也坚持不住了，吓得趴在桥上；第三个人才走了三步就吓趴下了。教授这时打开了所有的灯，大家这才发现，在桥和鳄鱼之间还有一层网，网是黄色的，刚才在黄灯下看不清楚。大家现在不怕了，说要知道有网我们早就过去了，几个人哗啦哗啦都走过去了。只有一个人不敢走，教授问他，你怎么回事？这个人说，我担心网不结实。这个试验揭示的原理是心态影响能力。

又有一个教授做了一个更加残忍的试验，他把一个死囚关在一个屋

子里，蒙上死囚的眼睛，对死囚说，我们准备换一种方式让你死，我们
将把你的血管割开，让你的血滴尽而死。然后教授打开一个水龙头，让
死囚听到滴水声，教授说，这就是你的血在滴。第二天早上打开房门，
大家都知道发生了什么事情，死囚死了，脸色惨白，一副血滴尽的模
样，其实他的血一滴也没有滴出来，他是被吓死的。这个试验揭示的原
理是心态影响生理。

所以心态好，生理健康，能力增强；相反，心情不好，生理差，能
力就愈差。现在我们看到了，心态就是具有这么大的力量，能够从里到
外影响你。所以只要我们调整好心态，排开一些不必要的干扰，不断地
向前努力，就一定能够成功。

有两位年纪70岁的老太太，一位认为到了这个年纪可算是人生的尽
头，于是便开始料理后事；另一位却认为一个人能做什么事不在于年龄
的大小，而在于怎么个想法。于是，她在70岁高龄之际开始学习登山，
其中几座还是世界上有名的。就在不久前她还以95岁高龄登上了日本的
富士山，打破攀登富士山年龄最高的纪录。她就是著名的胡达·克鲁斯
老太太。

成功人士与失败者之间的差别就在于：成功人士始终用最积极的
思考、最乐观的精神和最辉煌的经验支配和控制自己的人生，失败者则
刚好相反，他们的人生最容易受过去的种种失败与疑虑引导支配！胡
达·克鲁斯老太太之所以能够在她人生95岁时依然取得成功，原因也正
是如此。所以，我们只要能够把握好心态，控制好心情，就已经是迈向
成功的第一步！

第1章：换种心态，你会发现另一个世界

3．乐观面对，逆境中也会开出灿烂之花

从前有个悲惨的少年，10岁时母亲因病去世，由于父亲是个长途汽车司机，经常不在家，也无法提供少年正常的生活所需。因此，少年自从母亲过世后，就必须学会自己洗衣、做饭，并照顾自己。然而，老天爷并没有特别关照他，当他17岁时，父亲在工作中不幸因车祸丧生，从此少年再也没有亲人了，也没有人可以依靠了。

只是噩梦还没有结束，在少年走出悲伤，开始独立养活自己时，却在一次工程事故中，失去了左腿。然而，一连串的意外与不幸，反而让少年养成了坚强的性格，他独立面对随之而来的生活不便，也学会了拐杖的使用，即使不小心跌倒，他也不愿请求别人伸手帮忙。

最后，他将所有的积累算了算，正好足够开个养殖场，但老天爷似乎真的是存心与他过不去，一场突如其来的大水，将他最后的希望也夺走了。少年终于忍无可忍了，气愤地来到神殿前，怒气冲天地责问上帝：你为什么对我这样不公平？！上帝听到责骂，先是生气，而后满脸平静地反问：喔，哪里不公平呢？

少年将他的不幸，一五一十地说给上帝听。上帝听了少年的遭遇后说：原来是这样，你的确很凄惨，那么，你干吗要活下去呢？少年听到上帝这么嘲笑他，气得颤抖地说：我不死，我经历了这么多不幸的事，已经没有什么能让我感到害怕，总有一天我会靠我自己的力量，创造自

己的幸福！上帝这时转身朝向另一个方向，并温和地说：你看，这个人生前比你幸运得多，他可以说是一帆风顺地走到生命的终点，不过，他最后一次的遭遇却和你一样，在那场洪水里，他失去了所有的财富，不同的是，他之后便绝望地选择了自杀，而你却坚强地活了下来。

其实，许多人的命运都和这个少年一样，一生之中经历了种种痛苦与磨难，乐观的人能够坚强地承受这一切，悲观的人却无法背负起生命的重荷。之所以最后的结果会有不同，归根到底是因为每个人承担磨难的心态不同。一个人唯有经过磨炼，才能累积出坚强的生命力，也唯有历经风风雨雨，才知道生命的难得与珍贵。

1979年，台湾著名作家柏杨因为"美丽岛事件"被捕入狱，五年以后才被释放。五年的牢狱生活彻底地改变了他：把他从一个"火爆浪子"改变成为"谦谦君子"，他再也不像过去那样尖锐、激进，而是变得理性、温和。就连周围的人都感到惊奇："现在的柏杨很有同情心，也知道替别人留余地，不像从前，总是那么火辣辣的。"

柏杨谈起自己在狱中的生活时说：我也曾经怨过、恨过。回忆那段日子，我经常睡不着觉，半夜醒来时发现自己竟然恨得咬牙切齿，如此，前后大约持续了一年。后来，自己才意识到，不能再这样继续下去，否则，不是闷死，就是被自己折磨死。

之后，他开始试着坦然地面对这一切，并开始大量阅读历史书籍，光是《资治通鉴》前后就读了三遍。这些书籍给了他宝贵的精神食粮，从这些书籍中他开始领悟到：历史是一条长河，每个生命都只不过是非常渺小的一点。他也慢慢了解了一件事：生命的本质原本就是苦多于乐，每个人都在成功、失败、欢乐、忧伤中反反复复，只要心中常保持爱心、美好与理想，挫折反而能够成为使人向上的动力，甚至可以成为一种救赎的力量。

柏杨能够乐观地对待生活的坎坷，他没有耗费精力和生命在那无尽的忧郁、悲恸之中，而是开始追求精神的收获和灵魂的坦然，最终活出了自己的精彩，也因此更加懂得了生命的难得和可贵。

人生之中必定充满了泪水与艰辛，但其中真正的苦与乐，还是来自于我们个人的内心感受，一切都得靠我们亲自体验，也正是因为这些艰难，才能凸显出生命的可贵与不凡，也唯有这些艰难，才会让我们变得更加坚强和勇敢。不悲观、不放弃，只要能够以乐观的心态面对这一切，你就会发现逆境之中也会开出灿烂之花。

4．驾驭自己的人生

记得一位哲人说过："你的心态就是你真正的主人。"一位伟人说："要么你去驾驭生命，要么就是生命驾驭你。你的心态决定谁是坐骑，谁是骑师。"可见，一个人拥有什么样的心态是多么重要。我们来看一个故事：

大概是40年前，福建某贫穷的乡村里，住了兄弟两人。他们抵受不了穷困的环境，便决定离开家乡，到海外去谋发展。大哥好像幸运些，被奴隶主卖到了富庶的旧金山，弟弟被卖到了穷困的菲律宾。

40年后，兄弟俩又幸运地聚在一起。此时的他们，已今非昔比了。做哥哥的，当了旧金山的侨领，拥有两间餐馆、两间洗衣店和一间杂货铺，而且子孙满堂，有些承继衣钵，又有些成为杰出的工程师等科技专业人才。

弟弟呢？居然成了一位享誉世界的银行家，拥有东南亚相当份量的山林、橡胶园和银行。经过几十年的努力，他们都成功了。但为什么兄弟两人在事业上的成就，却有如此的差别呢？

哥哥说，我们中国人到白人的社会，既然没有什么特别的才干，唯有用一双手煮饭给白人吃，为他们洗衣服。总之，白人不肯做的工作，我们华人统统顶上了，生活是没有问题，但事业却不敢奢望了。例如我的子孙，书虽然读得不少，也不敢妄想，唯有安安分分地去担当一些中层的技术性工作来谋生。

看见弟弟这般成功，做哥哥的不免羡慕弟弟的幸运。弟弟却说，幸运是没有的。初来菲律宾的时候，担任些低贱的工作，但发现当地的人有些是比较愚蠢和懒惰的，于是便顶下他们放弃的事业，慢慢地不断收购和扩张，生意便逐渐做大了。

这便是海外华人的真实奋斗历史。它告诉我们：世界呈现在我们面前的状态都是一样的，有富裕、充足、欢乐、温暖，但更多时候带给我们的却是贫穷、饥饿、痛苦和丑陋……只要我们以积极的心态来面对并控制个人的行动和思想，便可以决定自己的视野、事业甚至是创造奇迹。雪莉就是这样一个用自己积极的心态创造出生命奇迹的女孩。

雪莉·比维10岁那年，别人告诉她，她永远不可能再走路了。但让人惊喜的是，在她22岁那年，却以1980年美国小姐的身份走在T型台上。

雪莉在11岁时遭遇车祸，她的左腿被轧碎，缝了一百多针才缝合。医生告诉她，她永远不能再走路了。她受伤的左腿痊愈后，比健康的右腿短了许多。然而在几年后她看见自己的左腿"立刻长长了两寸"！她说她是靠"上帝的奇迹"走路的。但是另一个同样的奇迹在于她积极的心态。

那么她到底从哪儿得到如此绝妙的态度？在车祸发生前的一个偶发事件直接影响到她对自己生命的看法。5岁那年，在一间小杂货店内有一个送牛奶的人看着她，并且对她说，她将来会成为美国小姐。雪莉相信他，也正是由这么一个积极有力的想法，诞生了积极的心态，也诞生了

第1章：换种心态，你会发现另一个世界

1980年的美国小姐。

一个人的心态就是一种潜藏的巨大力量，从某种意义上说，一个人拥有什么样的心态，就决定了他会拥有什么样的人生。我们只有做自己态度的主人，才能真正驾驭自己的人生，才能乘风破浪，抵达成功的彼岸。

5. 迎接仅有一次的人生

伊文斯出生在一个贫苦的家庭里，开始以卖报维持生计，后来，在一家杂货店当店员。过了8年，他鼓起信心开始发展自己的事业。

一次，他为朋友担保了一张面额很大的支票，不幸的是他的朋友破产了，一无所有。同时，灾难接踵而至，那家存着他全部家当的银行也垮了，他已经什么也没有了，而且还背负了近两万美元的债务。

他经受不住这样的打击，绝望极了，并开始生起奇怪的病来：有一天，他走在路上的时候，昏倒在路边，以后就再也不能走路了。最后医生告诉他，他的生命只有两个星期的时间了。

想着只有十几天好活了。他突然感觉到了生命是那么的宝贵。于是，他放松了下来，好好把握着自己的每一天。

奇迹出现了。两个星期后伊文斯并没有死，六个星期以后，他又能回去工作了。

经过这场生死的考验，他明白了人的生命只有一次，自寻烦恼是无济于事的，对一个人来说最重要的就是要把握住现在，活在当下。他以前一年曾赚过20000美元，可是现在能找到一个礼拜30美元的工作，他就已经很高兴了。正是这种心态，使伊文斯工作、生活得很愉快。

不到几年，他已是伊文斯工业公司的董事长了，而且在美国华尔街的股票交易所上市，伊文斯工业公司是一家保持了长久生命力的公司，正是因为学会了珍惜只有一次的生命，伊文斯取得了绝对性的胜利。

我们每个人都应该十分清楚地认识到，生命只有一个过程，每一天、每一年，都是岁月的篇章，岁月的日历翻过去，就会成为记忆中的永恒，就会一去不再回头。生命不会给我们任何承诺，重要的是我们对于生命中的每一天，应该如何牢牢把握。

既然人生只有一次，就应该学会好好珍惜，千万别让自己活得太累。现代人的生活，往往工作节奏太快，精神压力太大，争强好胜的心太强，生活太无规律，时间不长，精神和体力就都会崩溃。本来30岁的年轻人，心理和体力却已近似老年。钱多又有何用？人生的快乐与否不在拥有金钱的多少，而在于你持有一个怎样的心态。

只要我们一生都怀着正确的心态去做事，即使创造不出什么辉煌，也能感受到生活的真实、追求的快乐，亦就能"得鱼固可喜，无鱼亦欣然"也！人生载不动太多的烦恼和忧愁！惟有内心泰然、坦然，才能无往而不乐。如果我们能够持有一颗平常心，坐看云起云落、花开花谢，一任沧桑，就能获得一份云水悠悠的好心情。做平常事，做平凡人，保持平静的心态，保持平衡的心理，如果我们能以这种最美好的心情来对待生命中的每一天，那么我们的每一天都会充满阳光，洋溢着希望。

人生只有一次！千万别活得太累！以快乐的心态面对世界，快乐才能加倍，美好的生命才会充满更多期待与惊喜。

6. 态度有时比什么都重要

　　一个女儿对父亲抱怨她的生活、工作、人际关系和来自各方面的压力，抱怨事事都那么艰难，她不知道该如何应付，想要自暴自弃了。

　　她的父亲是位厨师，他把她带进厨房。他先往三只锅里倒入一些水，然后把它们放在旺火上烧。不久锅里的水烧开了。他往第一只锅里放些胡萝卜，第二只锅里放入鸡蛋，最后一只锅里放入碾成粉状的咖啡豆，他将它们浸入开水中煮，一句话也没说。

　　女儿咂咂嘴，不耐烦地等待着，纳闷父亲在做些什么。大约二十分钟后，他把火关了，把胡萝卜捞出来放入一个碗内，把鸡蛋捞出来放入另一个碗内，然后又把咖啡舀到一个杯子里。做完这些后，他才转身问女儿，"孩子，你看见了什么？""胡萝卜、鸡蛋、咖啡。"她答。

　　他让她靠近些，并让她用手摸摸胡萝卜。她摸了摸，注意到它们变软了，父亲又让女儿拿一只鸡蛋并打破它，将壳剥掉后，他看到的是只煮熟的鸡蛋。

　　最后，父亲让她喝了口咖啡。品尝到香浓的咖啡，女儿笑了。她怯生生地问："父亲，这意味着什么？"

　　父亲解释说：这三样东西面临同样的逆境——煮沸的开水，但其反应各不相同。胡萝卜入锅之前是强壮的、结实的，毫不示弱；但进入开水后，它变软了、变弱了。鸡蛋原来是易碎的，它薄薄的外壳保护着它呈液体的内脏，但是经开水一煮，它的内脏变硬了。而粉状咖啡豆则很独特，进入沸水后，它们倒改变了水。所以在你陷入生活、工作、人际关系和来自各方面的压力时，你可以学胡萝卜、鸡蛋，或是咖啡豆。你可以屈服，也可以使自己变得更坚强——甚至，你可以改变环境！

现实中，确实存在这样那样的问题：理想与现实的矛盾；工作上的艰辛与困扰；不良人际关系的刺激；过重的外界压力等导致我们或闷闷不乐、郁郁寡欢；或缺乏自信、悲观失望；甚至牢骚满腹，怨天尤人。所以，在生活中始终保持乐观向上的良好心态是非常必要的，这应当引起我们足够的重视。那么，我们应该怎样去做呢？不妨从以下几点开始。

首先，要正视自我，让工作充满自信。自信是个人实际的行为表现，也可以是个人的内在心理品质。一个自信的人，常常具体表现为对自己认同、肯定、接受和爱护，进而自我尊重、自我支持、积极发展和完善自我。每个人都有很大的潜能，要开发自己大脑的潜能，开发大脑的智力资源，第一要紧的，就是坚信自己有巨大的潜能。正如柏拉图所说："最先和最后的胜利是征服自我，只有科学地认识自我，正确地设计自我，严格地管理自我，才能站在历史的潮头去开创崭新的人生。"

其次，要善待他人，使人际关系和谐。良好的人际关系，是良好心态的基础。与他人建立友好的关系，是非常必要的。在任何时候都要看到别人好的一面，宽容、接纳、关心、欣赏每一个人。无论在社会、单位，还是家庭，人与人之间必须以诚相待，必须互相尊重、理解、帮助，这样对大家都好。确实如此，一个人生活在和谐的气氛中，就会感到心情愉快，就会感到处处温暖；一个人工作在和谐的环境下，就易产生积极心态，就会提高工作效率。

最后，要明确目标，信念坚定不轻易放弃。在自知的基础上，我们还应给自己确立适当的人生目标。明确了目标，可使人有所追求，积极进取，信念坚定，自觉修身养性，钻研业务，获得事业上的成功，并从成功的体验中更珍惜人生，不断完善自我。我们有时会因为工作中遇到了挫折而唉声叹气，有时会与一些待遇高、工作轻松的行业比，后悔自己入错了行。试想，哪一个行业没有它的难处？与其在精神上自我折磨，不如坚定自己的信念。我们要用平常的心态，愉快的情绪，快节奏、高效率地多做平凡的事情。

所以说，良好的心态是一种力量，态度有时候比什么都重要。

7. 以强者的心态穿越困境

周星驰，一个出身卑微，却身怀远大理想的知名演员。多年前，曾在1983年版的《射雕英雄传》中扮演了一个宋兵乙，为了增添一点点戏份，他请求导演安排"梅超风"用两掌打死他，结果被告之"只能被一掌打死"。第一次当着导演的面谈到演技，便使在场的人无一例外地哄堂大笑。就像他在后来《喜剧之王》中所扮演的角色一样，被人称作"死跑龙套的"。但即使就是这么一个卑微小人物，他却能够依然不断思索、不断向导演"进谏"，直至2002年自己当上导演，那一年，他获得了金像奖"最佳导演奖"，从此星途坦荡。

李咏，现在已经是家喻户晓的著名主持人。在20世纪90年代时，乘坐一趟开往西部的火车，梳着分头、戴着近视眼镜，朝气蓬勃地奔往他的理想之地，内心却带有微微的彷徨。初来乍到的他严肃乏味，常常独坐好几个小时不说话。后来转行做主持人，1998年，当他第一次主持的电视节目播出时，竟然发现自己说的话几乎全被导演剪掉了。于是，他让身为制片人的妻子准备了一个笔记本，把自己在主持中存在的问题一一记录下来，哪怕是最细微的毛病都不肯放过，然后逐条探讨、改正。之后，便有了大家在电视上看到他主持的那些充满智慧与幽默的节目。

丁磊，现在已经是人人皆知的网易公司首席架构设计师。在10年前，他还只是一个大学里的"小混混"，由于经常逃课而被老师责备。毕业后被分到当地的电信局当小职员，面对冗杂的机关工作，他感到既劳累又苦恼，后来他勇敢而果断地辞了职，然后自创网站，从而走向中国互联网浪潮的浪尖，并取得了2003年福布斯中国富豪榜第一位的傲人成绩。

方文山，台湾著名写词人，原是台北近郊一位不得志的青年，为了圆梦而在台北市苦苦打拼。工作七八年来，他做过防盗器材的推销员，还曾帮别人送过外卖，生活的艰辛让他更懂得机遇的重要性。他原本的理想是做一位优秀的电影编剧，进而成为合格的电影导演，但当时台湾地区电影的整体滑坡让他望而却步，只好退而求其次地拼命创作歌词，希望可以曲线迂回达成愿望。当时，他一边干活一边写词，半年积累了两百多首歌词，他选出一百多首装订成册，寄了100份到各大唱片公司。"我当时估计，除掉柜台小妹、制作助理、宣传人员的莫名其妙、减半再减半地选择性传递，只有12.5份会被制作人看到吧，结果被联络的几率只有1％。"正是那1％成就了他的梦想，他遇到了生命中很重要的一个人，那个人叫吴宗宪，同时走运的还有另一个无名小卒——周杰伦。从他和周杰伦合作的歌从没人要，到要曲不要词，慢慢地曲词都要，之后单独邀词，但还会有三四个作者一起写，直到最后指定要他的词。

周星驰、李咏、丁磊、方文山，他们都是目前中国最具知名度的人之一。而他们在成名前的境遇和你并无多大不同。只是他们没有陷在生不逢时、社会不公、机会不等、伯乐难求的哀怨中。要知道，其实每个人都平等地享有出人头地的机会，明天，或者明年，同样会诞生像他们一样成功的人，就看今天的你是否能以强者的心态穿越困境之地。

每个人的一生都会有各种各样的遭遇。赫胥黎说："经验不是一个人的遭遇，而是他如何面对自己的遭遇。"要面对遭遇，改变生活状态，就要有强者的心态。每个人都有权选择自己的生活态度，而态度则影响我们待人处事的方法，生活始终都是由我们的思想决定的。选择积极进取、力求突破，还是消极退让、虎头蛇尾，对自我发展或摆脱逆境都极为重要。

困境不是坏事，相反，它是磨练，是考验。根据美国哥伦比亚大学医学院与史塔桑管理研究中心的一项长达十年的联合研究发现：有磨难经验，而且能从当中走出来的人，他们面对困境的能力会提高。不仅如此，他们身上还会酝酿出几种成功的重要特质：

在困境中能够迅速恢复精力；

表现杰出，而且能维持表现；

非常乐观；

在必要时愿意冒险；

可以成功地进行改变；

很有活力；

很坚强；

能够以创新的方法寻找解决之道；

能够很敏捷地解决和思考问题；

能够学习、成长、进步。

每个人面对困境时的态度都会有所不同。你是否经常在困境出现时，就立刻放弃？当问题发生时，你是否总是认为那是别人的错？问题产生时，你是否总是抱怨，却又一副无能为力的样子？你是否遇到困难时，不屈不挠，顽强应对？问题出现时，你是否立刻采取措施，积极寻求不同的方式？你是否能够对出现的问题做出有条理的分析，冷静地对待？这些都是你日后能否达到成功所做的必然选择。

另外，强者的心态是可以透过练习而增强的。可以很好地面对困境的人能够对事情有一定的控制感。他们不光有正确的态度，还会有及时的行动。"态度是行为的表现。"古人云："有诸内，形于外。"态度的积极性，不单在于思想方面，而是反映在行动之中，知而不行，并非真正的积极。

让自己做一个有信心的人，自然不会害怕困难和一时的不如意；能认识自己的优点和长处的人，在遇到挫折时，必将勇于面对而不是轻言放弃。总之，以强者的心态穿越困境之地，你会发现世界并非像你所认为的那样糟糕透顶。

8．平淡的心态

偏执很可怕。很多人都偏执，心中只有迷信和莫名的抱怨，看不到今天社会的进步和好处，一心只想回到古人描述的而实际从来未曾存在过的大同世界中去。结果，不仅他自己活得没有希望，活得辛苦，连儿女们也跟着他辛苦和郁闷。这种偏执，不是为了达到什么伟大的目的，实现什么远大的理想，而只是想证明自己不比其他人差。这就苦了自己，凡事都认真，工作认真，学习也认真，就连和别人吵架也会很认真。最终的结果就是累，不仅人累，而且心更累。到了一定时期，都不知道是为什么而活着了。

有人说过类似这样的话：人的知识越多，就越发会意识到自己所不了解的知识更多。套用这句话，会得出这样的结论，当你拥有的权力和地位越高，财富愈加丰富时，也许会激发起更多的欲望，想获取更高的权力和地位，想获取更多的财富。也就是说，当人们拥有更高的权力和地位，拥有更多的财富时，人们不是就此打住，而是形成一种惯性，不自觉的惯性，希望拥有更高的权力和地位，拥有更多的财富。在这个过程中，人们会给自己一个高尚的理由，美其名曰干事业。其实，这多半是虚妄。对于拥有权力的人来说，当老百姓就不能干事业吗？对于经商赚钱的人来说，如果仅仅是一种事业，何以不把商品价格定到只够自己吃饭用？

其实，活着，就是活一种心态，一种平淡的心态。

平淡是一种清醒、一种感悟。人活着一旦摆脱利益的狭隘欲望，就会懂得生命不要为生活所累。逃避它，为它羞愧，去拒绝它，就会把生活禁锢在一个小小的框范里，把人生折叠成为一种窘态，满是皱纹，生命陷入苦海，挤压得局促，甚至于分裂。它还是生命的基本形态，生活的真正根基。看轻看淡一切身外之物，为人生抹去一切的残梦和故事，让人把什么事都想通了，就不再为自己埋怨，做个真正的明白之人，始终以平静的心态对待过去、现在与未来。

平淡是一种拒绝、一种心灵状态的表现。它以生活的甜蜜与温馨，生命的流畅旋律，人生的绚丽图画，构成一道平常而清亮好看的风景线。人得以拥有，就会在物欲横流、浮躁的社会现实中远离物质诱惑，保持洁身自好，没有虚荣与自私，抛弃挥霍与暴利，拒绝仇视与敌对，节制欲望与需求，抹平丑恶与肮脏，铲除贪婪与腐朽，就没有那些担心、恐惧和矛盾的跌宕，就没有那份狂热追逐金钱和利润的心态，人生不致为此迷乱。因此活着才有好的生活，有好的心情，过好每一天，生命的内涵才能得以提升。

平淡是一种理解、一种欣赏。生活的魅力，需要我们调整好心态对待，对它慢慢地翻阅，悠然地欣赏。在生命的走廊，平淡使人生尝到生活的最高品位，看透人生的野心、愚蠢和名利的诱惑，看清生活的全部姿态。

但是，生活中的人们往往很难认识到这一点。也许在经历了很多事情之后，或者是经历过一种外界刺激下的心灵震撼，人们才会醒悟。这种外界的刺激，也许是一场人情的大变故，也许是自己经历的一场大病患。不管如何，这种外界的刺激必须是作用于肯思考的人、有思想的人，才会起作用。对于简单的权力机器或者金钱机器，则是不起作用的。而且，这种醒悟，是一种突然开窍，类似于禅宗的顿悟。一旦开悟，便引起人生态度的极大改变，人生历程的极大改变。当然，也有一种特别的情况，就是艰苦环境中的工人和农民，他们天然地具有一种平淡的心态。这种平淡，我们可以尽情地欣赏，却很难真正学过来。

第1章：换种心态，你会发现另一个世界

第2章

不要急躁，做个安静的守候者

人生无需急躁，只要你能够耐心地等待，黑暗之后终将黎明重现，痛苦的土壤也会开出幸福的花蕾，做个安静的守候者，静静聆听，我们的世界从此不再浮躁……

90/10 原理
Ninety/Ten Principle

1. 做个安静的守候者

从前有个年轻人，他要与情人约会。但小伙子性急，来得太早，又没耐心等待。他无心观赏明媚的阳光、迷人的春色和鲜艳的花朵，一头躺倒在大树下长吁短叹。

忽然他面前出现了一个侏儒。"我知道你为什么闷闷不乐。"侏儒说，"拿着这钮扣，把它缝在衣服上。你要遇到不得不等待的时候，只需将这钮扣向右一转，你就能跳过时间，要多远有多远。"这很合小伙子的胃口。

他握着钮扣，试着一转：啊，情人已出现在眼前，还朝他笑送秋波呢！真棒啊，他心里想，要是现在就举行婚礼，那就更棒了。他又转了一下：隆重的婚礼，丰盛的酒席，他和情人并肩而坐，周围管乐齐鸣，悠扬动人。他抬起头，盯着妻子的眸子，又想，现在要只有我俩该多好！他悄悄转了一下钮扣：立时夜阑人静……他心中的愿望层出不穷：我们应有座房子。他转动着钮扣：房子一下子飞到他眼前，宽敞明亮，迎接主人。我们还缺几个孩子，他又迫不及待，使劲转了一下钮扣：日月如梭，顿时已儿女成群。他站在窗前，眺望葡萄园，真遗憾，它尚未果实累累。偷转钮扣，飞越时间。生命就这样从他身边急驶而过。还没有来得及思索后果，他已老态龙钟，衰卧病榻。至此，他再也没有要为之而转动钮扣的事了。

回首往日，他不胜追悔自己的性急失算：我不愿等待，一味追求满足。眼下，因为生命已风烛残年，他才醒悟：即使等待，在生活中亦有意义。他多么想将时间往回转一点儿啊！他握着钮扣，浑身颤抖，试着向左一转，扣子猛地一动，他从梦中醒来，睁开眼，见自己还在那生机勃勃的树下等着可爱的情人。现在他已学会了等待。

一切焦躁不安已烟消云散。他平心静气地看着蔚蓝的天空，听着悦耳的鸟语，逗着草丛里的甲虫，不再想着匆忙地度过人生，而是静静地欣赏着生命的过程。

其实，人生无需急躁，做个安静的守候者，静静地等待，即使是充满荆棘与痛苦的生活中也会别有一番意味。不要以为生命中没有了等待，你的步伐就会走得更快一点儿。其实，行走有时也只是为了减轻我们焦虑的心情，却无法真正享受和理解生命的深意！

生命流淌的过程中，每一个细节都有深情。不是所有的生命成长都有着明朗绚丽的色调。有些成长，注定是那种深沉厚重的乐章。你知道种庄稼有一道程序叫"蹲苗"吗？就是天旱的时候也不去浇它们，没有水它们就不能往上长了，但是为了生存，它们就会拼命地往下扎根，用根去吸取土层里含的水。这样过一段时间之后，它们的根就能扎得牢牢实实的，再一浇水，就会长得又壮又稳，结出丰满、硕大的果实来。对每一个成长者的心灵来说，蹲，从来就是一种必要的积蓄过程，它需要我们以坚韧的性格和极大的耐心来实现。只有扎实地蹲，才可能延展出发达的根系去获得最丰厚的滋养；才可能在低潮之后充满爆发力地重新站起来；也只有扎实地蹲，才不会因快速地虚长而及早地浪费珍贵的契机和希望；不会在烈日的炙烤和风雨的袭击中让娇弱的花朵黯然凋落。可以说，蹲，是另一种意义的成长，只有我们安静地"蹲"过之后，才能真正地享受成长给我们带来的快乐。

因此，我们不能说等待是一种悲伤，是一种疼痛，是一种无奈，做个安静的守候者，你会发现生命中另一种被我们所忽略的美好和喜悦。

第 2 章：不要急躁，做个安静的守候者

2．成功需要耐心等待

一位世界第一的著名推销大师，即将告别他的推销生涯，应行业协会和社会各界的邀请，他将在该城中最大的体育馆，做告别职业生涯的演说。

当大幕徐徐拉开，舞台的正中央吊着一个巨大的铁球。为了这个铁球，台上搭起了高大的铁架。

一位老者在人们热烈的掌声中走了出来，站在铁架的一边。人们惊奇地望着他，不知道他要做出什么举动。这时两位工作人员，抬着一个大铁锤，放在老者的面前。主持人这时对观众讲：请两位身体强壮的人到台上来。好多年轻人站起来，转眼间已有两名动作快的跑到台上。

老人这时开口和他们讲规则，请他们用这个大铁锤，去敲打那个吊着的铁球，直到把它荡起来。

一个年轻人抢着拿起铁锤，拉开架势，抡起大锤，全力向那吊着的铁球砸去，一声震耳的响声，那吊球动也没动。他就用大铁锤接二连三地砸向吊球，很快他就气喘吁吁。

另一个人也不示弱，接过大铁锤把吊球打得叮当响，可是铁球仍旧一动不动。台下逐渐没了呐喊声，观众好像认定那是没用的，就等着老人做出什么解释。

会场恢复了平静，老人从上衣口袋里掏出一个小锤，然后认真地，面对着那个巨大的铁球。他用小锤对着铁球"咚"敲了一下，然后停顿一下，再一次用小锤"咚"敲了一下。人们奇怪地看着，老人就那样"咚"敲一下，然后停顿一下，就这样持续地做。

十分钟过去了，二十分钟过去了，会场早已开始骚动，有的人干脆叫骂起来，人们用各种声音和动作发泄着他们的不满。老人仍然一小锤一停地工作着，他好像根本没有听见人们在喊叫什么。人们开始忿然离去，会场上出现了大块大块的空缺。留下来的人们好像也喊累了，会场渐渐地安静下来。

大概在老人进行到四十分钟的时候，坐在前面的一个妇女突然尖叫一声："球动了！"刹时间会场鸦雀无声，人们聚精会神地看着那个铁球。那球以很小的摆度动了起来，不仔细看很难察觉。老人仍旧一小锤一小锤地敲着，人们好像都听到了那小锤敲打吊球的声响。吊球在老人一锤一锤的敲打中越荡越高，它拉动着那个铁架子"哐、哐"作响，它的巨大威力强烈地震撼着在场的每一个人。终于场上爆发出一阵阵热烈的掌声，在掌声中，老人转过身来，慢慢地把那把小锤揣进兜里。

老人开口讲话了，他只说了一句话：在成功的道路上，你没有耐心去等待成功的到来，那么，你只好用一生的耐心去面对失败。是啊，人生每一次成功都需要经过一个漫长而艰苦的过程，如果你有耐心，如果你能坚持下去，那么你就是最后的胜利者。这不禁让我想起了电影《孔雀》里面的女主角，那个叫张静初的漂亮女孩。

张静初来自最普通的工人家庭，从小在山区长大，跟哥哥跑去山上捡石头、摘果子，像个野孩子。中戏导演系毕业，演戏对于她曾经只是勤工俭学的手段。为了考研，她曾在北京新东方苦学英语。

张静初本是个默默无闻的女孩，《七剑》在新疆拍摄时，记者还因为无料可问与这个名不见经传的小姑娘面面相觑。但很快她因为《孔雀》获得柏林电影节银熊奖，而一举成名天下，居然在柏林电影节的红地毯上走了一遭，媒体用飞快闪烁的镜头兴奋地说：继章子怡之后中国影坛又多了一个"幸运儿"。张静初听了淡淡地一笑："有些人是以长跑的姿态进入跑道的，有些人则以短跑的姿态进入跑道，暂时落后了你不能急躁，必须明白自己是跑长跑的，耐力和定力最重要。人生是一场马拉松，赢到最后才叫赢。"张静初用流利的英语回答着国外媒体的采访。

看看张静初的人生经历，确是一个有耐性、不简单的女孩。她中专毕业后做了老师，两个月以后认为自己不适合做这份工作，马上辞职，来到北京考中央戏剧学院。

被录取后，同学们争相出演影视剧，她却从不去争。她冷静地告诉自己，现在正是我修炼内功的时候，人生的路还长，不能太急。当她身边许多同学都成名后，她还是那样平静。终于，经过努力，她等到了一只属于她的美丽"孔雀"。

其实人生正如张静初所言，就是一场马拉松比赛，你不能太急躁，不要奢望一步到位，跑到终点；也不要因为暂时的落后而灰心丧气，停滞不前。在奔跑的过程中，我们要学会坚持，千万不要轻易放弃，我们还必须要有吃苦耐劳的品质和学会耐心地等待，否则就不可能有成功的机会。

著名歌星韩红，是国内流行乐坛不可多得的创作型唱将，她凭借宛若天籁的声线和独具风格的词曲创作赢得了众多歌迷的青睐。进入2003年之后，韩红无疑是中国最红火的女歌手。在若干个大型音乐颁奖典礼中，韩红都获得了"年度最受欢迎女歌手奖"和"最佳女歌手奖"这两个含金量极高的奖项。1998年以后短短几年，她就获得了包括第45届格莱美最佳女艺人奖在内的30来个高影响的奖项，她的一些代表作在流行乐坛也产生了广泛的影响。

韩红的成功是不懈地与自我"作战"和懂得等待的产物。不到6岁，韩红就永远地失去了父亲，母亲再嫁后，韩红跟着奶奶、叔叔一起生活。后来，韩红进入二炮文工团，可是文工团一些人觉得她潜力不够，尤其认为她的形象也不好，她无奈被迫退出，在通讯站当总机接线员，一干就是十年。

但韩红喜欢唱歌，始终相信自己总有一天会成为一名优秀的歌手，1995年，她考入解放军艺术学院音乐系，师从李双江，同年获中央电视台音乐电视大奖赛铜奖，自此，演唱事业如日中天。谈到自己曾经遭遇的委屈，韩红说："我不抱怨，我只是怀才不遇。只要有机会就准能让我遇着，让我张了嘴就能把好歌唱出来。"

我们平常听得最多的所谓"怀才不遇"，韩红——一个因为身材胖胖、长相不漂亮而经受很多别人没有的困苦经历后，却以她对挫折、失败的独特理解，给了我们耐心等待成功以全新的解释。

实际上，只要我们注意观察，就会吃惊地发现，那些身陷困境屡受挫折和失败的人才是真的有耐心、有吃苦耐劳品质的人，他们正是以这种惊人的耐心忍受着不成功的现实和生活，才得以最终实现理想达到成功的。我们要时刻记住，学会耐心等待的人往往会受到命运的垂青，反之，不能耐心等待的人则常会被命运捉弄。

3．总会轮到你

银行内有许多窗口。每个窗口，都站满了人。

人们总是有意识地排到队伍最短的窗口去，那样可以节约时间。有时，你是幸运的，但很多时候，队伍排的短，并不意味着很快就能轮到你。也许在你的前面，有几个人记不住密码，他们会一遍遍地按，然后要求挂失；还有人要取很多钱，工作人员会忙上半天，或者，他们会和工作人员争吵起来，没完没了。此时，其他窗口的处理速度反而显得更快了。

于是，你会后悔自己站错了队，想换一个队伍，但是已经不可能了。

还有更可气的，你进了大厅，认准一个窗口，排啊排，终于轮到自己了，但工作人员告诉你："对不起，用信用卡取钱，请到其他窗口。"

排队其实就是人生，在我们的面前有很多未可知的因素。

你站队的时候，不可能知道前面的人存钱、取钱需要多长时间。就如我们的人生长度取决于许多因素，自己并不能左右。不要因为前面的存、取钱的人时间长了些，或是出现意外情况耽搁了时间，就焦躁不安、唉声叹气，甚至于恶语相向、大打出手，我们必须有豁达的胸怀，用平静的心态来面对眼前发生的每一件事。

选择队伍时，要考虑到别人可能很快超过你，他们得到自己想要的，然后吹着口哨离开了，但你不想重来，你只能慢慢地等待着。这时的你无需急躁，只要朝着自己心中的目标一步步迈进，换种心态，把等待看作一种憧憬、一个希望、一丝慰藉，你就会发现其实等待也不是那么漫长和令人无法忍受。

我们还要有从头再来的勇气，假如你排错了队，你不能气馁，请看准哪个才是真正适合你的窗口，不要一错再错，因为我们的人生只有一次，决不能重来，积极地等待永远是一支瞄向"发展"的满弓弦箭，它时时都在屏息静听，候望成功的召唤。

换种思维、换种心态，慢慢地排着，因为总会轮到你。

4. 脚步放慢，风景会更美

有一座禅院住着老和尚和小和尚师徒两个人。

在炎热的三伏天，禅院的草地枯黄了一大片。"快撒些草籽吧，好难看呀！"徒弟说。"等天凉了，"老和尚挥挥手，"随时。"

中秋到了，老和尚买了一大包草籽，叫小和尚去播种。秋风突起，草籽四处飘舞。"不好，许多草籽被吹飞了。"徒弟喊。"没关系，吹去者多半中空，落下来也不会发芽，"老和尚说，"随性。"

刚撒完草籽，几只小鸟就来啄食，徒弟又急了。"没关系，草籽本来就多准备了，吃不完，"老和尚继续翻着经书，"随遇。"

恰巧半夜一场大雨，小和尚冲进禅房："这下完了，草籽被冲走了。""冲到哪儿，就在哪儿发芽，"老和尚正在打坐，眼皮抬都没抬，"随缘。"

不久，光秃秃的禅院长出青草，就连一些未播种的院角也泛出绿意，望着禅院每个角落泛出的绿意，徒弟高兴得直拍手。老和尚站在禅房前，微笑着点点头："随喜。"

故事中徒弟的心态是浮躁的，常常为事物的表面所左右，而师傅的平常心看似随意，其实却是洞察了世间玄机后的豁然开朗。

在这个物质世界开始高速旋转的今天，几乎所有的人都已察觉到，生活的节拍越来越快了。不停奔走的现代人已经收不拢脚步，这个世界早就变成了一个匆匆赶路的意象，如果不前行，就意味着自己的落后，于是人们开始变得浮躁不安。但这种心浮气躁、焦躁不安的情绪状态，往往是各种心理疾病的根源，是成功、幸福和快乐的绊脚石，是人生的大敌，使人急功近利，最终迷失自我。

有一位年轻人，他对大学毕业之后何去何从感到彷徨，因为他没有考上研究生，不知道自己未来的发展；他的女朋友将去一个人才云集的大公司，很可能会移情别恋……别的同学都主动去联系工作单位，而他成天借酒浇愁，无论做什么都充满浮躁，提不起来一点儿精神，天天混在宿舍里，无动于衷，甚至天天梦想着时来运转。他还经常和同学争吵，从没有耐心地做好一件事，最后他的同学几乎都找到了自己的工作，而他却烦恼丛生。

于是他去找心理医生。心理医生说："浮躁，无病呻吟。你看过章鱼吧?有一只章鱼，在大海中，本来可以自由自在地游动，寻找食物，欣赏海底世界的景致，享受生命的丰富情趣。但它却找了个珊瑚礁，然后动弹不得，焦躁不安，呐喊着说自己陷入绝境，你觉得如何?"心理医生用故事的方式引导他思考。

心理医生提醒他："当你陷入烦恼的浮躁反应时，记住你就好比那只章鱼，要松开你的手，让它们自由游动。阻碍章鱼的正是自己的手臂。"

是啊，人们总是很容易被种种烦恼所捆绑，而捆绑自己的绳索往往都是自己浮躁的心，一个心态浮躁的人无异于是自投罗网的章鱼，作茧自缚，最终毁了自己的一生。

既然我们已经知道了浮躁的危害，为何不能将自己的心态放平，将脚下的步伐放慢呢？

因为只有将脚步放慢一点儿，我们才能尽情领略大自然之美。现代人旅行，从海南岛到哈尔滨，波音757只要几个小时。旅行感都还来不及出现，旅客已经从夏季飞进了冬季。可是，呼啸的飞行既看不清长江，也看不清泰山。古人骑一头毛驴上路，歇歇停停地走了三个月。他们不在乎哪一天抵达目的地，而是在享受旅行的过程。小桥流水、黄土高坡，只有一程一程地慢慢走过，人们才可能真正认识江山。否则，我们只不过认识一张地图罢了。

只有将脚步放慢一点儿，我们才能听到别人的心声和自我灵魂的独白。没有人会把自己的内心世界完全暴露给别人，也没有人能够不让自己的愿望从言语中流露出来。与他人沟通的最好方式就是倾听。心浮气躁的人，既无暇听清别人的心声，也很难静心聆听自我灵魂的独白。孙子曰："知彼知己，百战不殆。"其实，"知彼"难，"知己"更难。

将脚步放慢一点儿，我们才能真正欣赏到生命之花的美丽。人的一生会经历很多阶段，在每一段路上都会有一些不同的风景。如果我们只是随着人流匆匆前行，总是担心一旦停下脚步来欣赏，就会因此错过很多，成功、机遇都会与我们无缘。于是总是这样安慰自己：我现在没有时间欣赏，错过这一处，也许下一道风景会更美！其实每一道风景都是独一无二的，错过了就不会再来，我们何不将脚步放慢，在追赶人生的同时也来享受一下沿途的风光。

所以，处在争先恐后的浮嚣尘世里，我们不要只顾手忙脚乱地往前飞奔。"水流心不竞"，有时将脚步放慢一点儿，温习另一个久违的世界，我们浮躁的心灵才会渐渐地平静，甚至才能大彻大悟。

第2章：不要急躁，做个安静的守候者

5. 忍耐创造奇迹

　　某沙漠地区有一种食狼鹰，其捕狼手法可谓迅捷：锁定目标后，像剑一样从高空俯冲下来，一只利爪抓住狼的后腰，当狼转过头来想搏斗时，鹰的另一只爪迅疾地插进狼的双眼，狼会当场毙命。

　　然而，有一天，食狼鹰向一只孤狼发动了袭击，和平常一样，它先抓住了狼的后腰。而这只狼并没有像其他狼那样转过头来，而是拼命向前狂奔。前方是一片灌木丛，狼忍着疼痛拖着食狼鹰跑了进去。灌木丛将厉害的食狼鹰撕成了碎片。

　　这只狼做到了"善假于物"！用灌木丛杀死了天敌。这只志在复仇的狼忍受了被食狼鹰抓的剧痛，成功地实施了自己的计划。同样，如果我们志在成功的话，也必须学会忍耐，即使在身陷囹圄、山穷水尽之时，也必须有足够的毅力和耐心，等待时来运转。否则，即使宏图再美丽，也可能半途而废、功败垂成。

　　不懂忍耐，怎能成功？

　　意志的忍耐，能爆发神奇的功效。不后退、不放弃，在别人都已停止前进时，你仍然坚持，在别人都已失望放弃时，你仍然前行，这是需要相当的勇气的。使你得到比别人较高的地位、较大的薪资，使你做上人上人的，正是这种坚持。一受刺激就不能忍耐的人，不会成就大事业。相反，当一个人具备了忍耐的精神与态度时，就会很容易获得成功。

生活中，我们总会遇到各种商家的推销员。在人们的天性里，对于这些推销员，总是有些不欢迎的，假使能够把他打发开，总想方设法打发开。但在我们碰到了一个有忍耐精神、谦和态度的人时，事情就会不同了。我们知道，具有忍耐精神的推销员是不容易打发开的，我们往往为钦佩那个推销员的忍耐精神起见，承购了那推销员的商品。

有谦和、愉快、礼貌、诚恳的态度，同时又具有忍耐精神的人，总是会成为成功的"幸运儿"。

忍耐的能力，就是不以喜怒好恶改变其行动的能力。做我们所乐意做的事，做我们所喜欢的并具有热诚的事，这是很容易的。但是要聚精会神地去做那种令人不快的、讨厌的，为我们的内心所反对的，而同时又不得不去做的事，却是需要勇气、需要耐性的。天天怀着坚强的心，怀着勇气与热诚，去从事我们所不适宜、不想做，我们的内心所反抗，却又不得不干的事，年复一年地这样下去，真是需要英雄般的勇气与耐心。

固执着认为丢脸的职位，用着全副的力量、全副的精神去干，勉强着自己，用愉快的心去做自己内心不喜欢做的事，认定了一个大目标，不管它可喜或可厌，不管你兴奋或不兴奋，总是以全力赴之——这样的人，才能得到胜利。

所以，只有具有不顾阻碍而向前冲的勇气与不折的忍耐精神的人，才能成就大事业。懦弱、意志不坚定、不能忍耐的人，不能得到他人的信任与钦佩。只有积极的、意志坚定的人，才能得到人家的信任。世界上永远不会有意志不坚定的人的位置。人人钦佩百折不回、能坚持、能忍耐的人。假使你能够不管情形如何，总坚持着你的意志，总能忍耐着，你就会创造出自己生命的奇迹。

第２章：不要急躁，做个安静的守候者

6．跌倒了别急着站起来

20世纪90年代，有一位泰国企业家先是利用手里的大部分资金炒股票，股票失败以后，他立即转向房地产行业，把自己所有的积蓄和从银行贷到的大笔资金投了进去，在曼谷市郊盖了15幢配有高尔夫球场的豪华别墅。但时运不济，他的别墅刚刚盖好，亚洲金融风暴出现了，他的别墅卖不出去，贷款还不起，这位企业家只能眼睁睁地看着别墅被银行没收，连自己住的房子也被拿去抵押，此外，还欠了相当大一笔债务。

这位企业家的情绪一时低落到了极点，他怎么也没想到对做生意一向轻车熟路的自己会接二连三地陷入失败的困境。

无独有偶，北京有个青年，在读中文系大四那年，借了一笔启动资金，雄心勃勃地召集了几个计算机专业的在校生，在中关村附近注册了一家电子公司，但他的公司没开张多久，便在内外交困中败下阵来，几个助手一哄而散，只留给他一个无法收拾的烂摊子。

很快，他又重打锣鼓另开张了，在新科技园内开了一个专营电脑器材的小公司，但运行的结果并不像他想象的那样轻松，没过多长时间，他的小公司再次关门。

两次失败，让他欠下了一笔不大不小的债务。而一向自负的他是绝不肯轻易认输的，此后，他又接二连三地在北京信息产业密集区创办了好几个与电子相关的公司。但遗憾的是，他的一而再、再而三的执著，并未让他赢得成功，接二连三的失败反而让他债台高筑，并一度陷入自责失落之中。

一天，他沮丧地将创业经历讲述给老教授听，言语中流露出对自己连续创业失败的不甘和无奈。

老教授耐心地听完他的倾诉，没有马上发表自己的意见，而是给他讲了自己年轻时听到的一个小故事，故事的内容大致是这样的：

一个旅行者在旅途中，突然改变了原来选定的路线，决定抄近道前往目的地。没想到，在他穿越那片看似很平坦的草地时，没走几步，脚被什么东西猛地绊了一下，把他摔了个跟头，对此，他没太在意，从草地上爬起来，他揉了揉有点儿痛的膝盖，继续前行，但没走出几十米，他又结结实实地摔了一跤，这一回，他没有急着站起来，而是躺在那里，一边揉着受伤的腿，一边仔细地打量脚下的草地。

原来，绊倒他的是一个草环，那是一种丛生的植物，用疯长的、极柔韧的枝蔓编织的一个很隐蔽的草环，在他跌倒的周围有很多这样的草环，行人稍不留意，就会绊个跟头，待他坐起来，将目光再往前一延伸，不由得大吃一惊——前方不远处，掩藏在繁花绿草间的，竟是一片可怕的沼泽。

转到另一条安全的路上，他仍在庆幸刚才跌的那个跟头，更庆幸自己没有像第一次那样漫不经心地急于爬起来赶路，而是细心地查清了让自己跌倒的原因，还认真地打量了自己原本自信的道路……

事后，他又心有余悸地说，那片隐蔽在草地深处的沼泽，不久前刚吞噬了两个粗心的过路人呢。

老教授的故事讲完了，年轻人站起身来，向老教授深鞠一躬，真诚地说道："老师，谢谢您的故事，我懂了——仅仅想到跌倒后赶紧爬起来是远远不够的，还必须知道自己是因为什么跌倒的，知道怎样才能不跌更大的跟头……"老教授微笑着点头，送走了聪明的他。

数年后，这个年轻人已经成为了北京一家大型企业文化策划公司的老总，在谈及创业的种种坎坷经历时，他说：让我感受最深，永远难以忘怀的，就是老教授给我讲的那个小故事！是它让我知道了无论你陷入多么凄惨的境遇，都不要急于站起来，只有看清形势，你才会避免第二次的跌倒。

而泰国的那位企业家也同样吸取了前两次失败的经验教训后，不再急着把钱投入到风险极高的投资行业。于是，他决定重新白手起家，从最简单的街上叫卖红薯开始。从此曼谷的街头多了一个头戴小白帽、胸前挂着售货箱的小贩。

昔日亿万富翁沿街卖红薯的消息不胫而走，买红薯的人骤然增多，有的顾客出于好奇，有的出于同情。许多人吃了这位企业家的红薯后，因为被这种红薯的独特口味所吸引，经常买企业家的红薯，回头客不断增多，现在这位泰国企业家的红薯生意越做越大，他已慢慢地走出了人生的低谷。

从他们的身上，我们不难看出这样简单的道理：生活中，我们每个人都难免会遭遇各种各样的挫折和失败，但只要你能够冷静地观察、分析，总结失败的原因，看清形势，不要在每次跌倒之后都急着站起来，并能勇于从失败中重新崛起，就一定会取得成功。

7. "熬"住就是胜利

有一本书里，写到越南的国防部长武元甲曾经说，与美国对抗只有一个字："熬"，熬住就是胜利。这一个字的确道出了人生的一种真谛，美国那么强大，和它对抗当然不容易，但只要"熬"住，最后越南还是赢了。

人生在大历史中只是白驹过隙的一瞬，但对于我们的个体生命来说还是相当漫长，在人生屡遭失败的情况下，只有熬得住才能最终取得成功。所谓"熬"，就是对于自己的事情不轻易放弃，不随便离开自己的位置，就在那里一步一步地努力，有时候就好像龟兔赛跑的那只乌龟，未必跑得快，但"熬"得住，却能笑在最后。

广东南海的李兴浩，用了20年的时间，一步步地把志高空调做成了中国最有竞争力的家用空调，他也终于"熬"成了空调器供应商之一。

李兴浩说："这种恒心和毅力最早可能是小时候捡铜线的时候练就的。以前我们穷到什么地步？我们唯一可以吃的就是菜萝卜，我们想要把萝卜用盐腌一下才可以吃得久一点儿，可是我们连盐都买不起，为了买盐我去捡铜线、捡小橘子卖，还自己编竹器卖。一斤铜线是几分钱，要捡很多才可以赚几分钱买一点儿盐。捡橘子，就是那种从枝头上落下来的小橘子，晒干了是药材，也是几分钱一斤，捡一大筐才可以买几两米。那么细的铜线，那么小的橘子，一点儿一点儿地去捡，没有恒心和毅力怎么行?"

最早李兴浩是务农的,但为了生计,他做过很多副业,鱼、菜、肉、木器等他都卖过。1982年他卖了一年冰棍,那种批发价3元钱100根的小买卖,他竟然赚了几百块钱。他的创业史就是从卖冰棍儿、布碎、小五金等极不起眼的行当干起的,这里面有着与儿时捡铜线卖钱相同的恒心。"企业之所以能一点儿一点儿地长大,都是由一点儿一点儿的工作堆积起来的,不坚持、不持之以恒怎么行?遇到困难我就撒手不干了,那怎么行?另一个方面,我不服输!凭什么?这么一点儿小挫折就认输了?没道理!只要坚持下去就行了,我一定可以的!这些念头总是出现在我的脑海里。所以我从来不放弃,而且越和困难斗越觉得有兴致。"

李兴浩说:"现在的情况已经好多了,但还是会经常碰到困难。以前那么大的困难我都可以挺过来,怎么现在不可以了呢?如果我现在失败,一无所有,我还是照样可以东山再起,重新再造一个企业。我开始卖冰棍的时候,年纪已经很大了。现在我再创业,我的能力、我的经验比那时强多了,那时候都可以成功,现在还怕什么?我不怕,一定可以再成功。"

天底下没有不劳而获的果实,如果能利用种种挫折与失败,不轻言放弃,熬得住,那么就会一直拥有成功的希望。我们经常用竞技来比喻人生,但竞技毕竟只是一时,而人生的竞赛其实非常漫长,所以我们要像阿甘那样,在人生的马拉松中"熬"得住,我们就成功了。诗人里尔克有一句说得和这差不多的话:"挺住就是一切。""挺"字没有"熬"那么传神,其实这一句也可以翻译成"熬住就是一切"。当然,人其实也有不出场比赛或者中途退场的权利,但只要选择参加,就一定要"熬"住!

8．学会冷静

曾经看到过这样一个故事：一次乘车，本来列车的开车时间是14：21，但由于是始发车，半个小时之前就开始检票了，检过票，人们匆匆地走过站台，奔向列车。突然一声哨响，人们于是加快了脚步，甚至有的人开始跑了起来，其实这时离开车还有20分钟的时间，也许是种影响的使然，见一个人跑大家也都跟着加快了脚步，跑了起来。

突然从人群中传来一个父亲的声音："孩子，别跑，还早着呢，小心点儿！"

"大家都在跑呢！"一个稚嫩的声音回应着，听着也就有五六岁的样子吧。

"孩子，慌什么呢，不要见大家都跑你就跟着跑，刚两点，还有时间，摔着怎么办……慢点儿！无论遇到什么事情都要沉着镇静，就是事情再急，也得冷静，知道吗？……"

"嗯……"疑惑的"嗯"的一声，是孩子的不解与肯定。

生活中的我们，有时就像这些赶车的人们。明明知道还有足够的时间，可以安安稳稳地走入车厢，乘坐列车到达你的目的地，却在看到别人奔跑时而忍不住盲目地跟随，一路奔波，气喘吁吁。这样的人在生活中做起事情来也容易急躁，总想一步到位，不能冷静地思考问题，往往因为急躁而生出恼怒，给自己带来不愉快的情绪，反而经常导致了事情的失败。随着年龄和阅历的增长，我们每个人都在长大，也应该学会面对生活中出现的各种状况。沉着冷静，是一个人为人处世最基本的和最重要的原则，遇事处变不惊，才能冷静思考，沉着应对，以最佳的策略获得最佳的解决结果！

生活中，我们也会经常遇到这样的情况。

堵车堵得厉害，交通指挥灯仍然亮着红灯，而时间很紧，你烦躁地看着手表的秒针。

终于亮起了绿灯，可是你前面的车子迟迟不起动，因为开车的人思想不集中。你愤怒地按响了喇叭。那个似乎在打瞌睡的人终于惊醒了，仓促地挂上了一挡。而你却在几秒钟里把自己置于紧张而不愉快的情绪之中。

美国研究应激反应的专家理查德·卡尔森说："我们的恼怒有80%是自己造成的。"而产生恼怒的原因多半是由于你对周围环境和对别人的不满情绪造成的。卡尔森把防止恼怒的方法归结为这样的话："请冷静下来！要承认生活是不公正的。任何人都不是完美的。"

应激反应这个词从50年代起才被医务人员用来说明身体和精神对极端刺激（噪音、时间压力和冲突）的防卫反应。现在研究人员知道，应激反应是在头脑中产生的。在即使是非常轻微的恼怒情绪中，大脑也会命令分泌出更多的应激激素。这时会表现呼吸道扩张，以便为大脑、心脏和肌肉系统吸入更多的氧气。同时血管扩大，心脏加快跳动，血糖水平升高。埃森医学心理学研究所所长曼弗雷德·舍德洛夫斯基说："短时间的应激反应是无害的。"但长时间如此便会损害我们的身体，而这种情况的产生正是由于我们受到的压力。

他的研究所的调查结果表明：61%的德国人感到在工作中不能胜任；有30%的人因为觉得不能处理好工作和家庭的关系而有压力；20%的人抱怨同上级关系紧张；16%的人说在路途中精神紧张。

　　的确，我们每天都要面对如此繁杂的事情，工作、家庭、生活……虽然有时都只是一些很琐屑的事情，却能给我们带来坏情绪，于是常常开始暴躁，发脾气，迁怒别人。如果我们想要很好地解决这些问题，这就要求我们必须学会冷静。理查德·卡尔森的一条黄金规则是："不要让小事情牵着鼻子走。"他说："要冷静，要理解别人。"

　　他的建议是：

　　表现出感激之情——别人会感觉到高兴，你的自我感觉会更好。

　　学会倾听别人的意见，这样不仅会使你的生活更加有意思，而且别人也会更喜欢你。

　　每天至少对一个人说，你为什么赏识他。

　　不要试图把一切都弄得滴水不漏。只要找，总是能找到缺点的。这样找缺点，不仅会使你，也会使别人生气。

　　不要顽固地坚持自己的权利，这会没有必要地花费许多精力，不要老是纠正别人。

　　常给陌生人一个微笑。

　　不要打断别人的讲话。

　　不要让别人为你的不顺利负责。要接受事情不成功的事实——天不会因此而塌下来。

　　请忘记事事都必须完美的想法，你自己也不是完美的。这样生活会突然变得轻松得多。

　　如果抑制不住生气呢？这时你要问自己：一年后生气的理由是否还那么重要？这会使你对许多事情得出正确的看法。

　　记得自己曾经因为电视上好看的节目只看到了结尾而大发脾气，甚至握紧拳头砸向电视机。但事后想起自己的恼怒，便觉得可笑，节目还可以重播，我还有机会，何必要让不愉快的情绪影响了自己的心情呢。
庆幸自己没太过于冲动，庆幸自己拥有冷静。

　　冷静就像一把刀，一把锋利的刀，它能斩断是与非、对与错。愿每
一个人都能在人生的思考中学会冷静。

第3章

宽容他人，让心灵得到释放

生命之中总会围绕来来往往的人们，远的、近的、新结识的、还陌生的……每个人都犹如大海之舟，难免会有磕磕碰碰的时候，但是，只要你能够以一个宽容的微笑就可以改变这一切，因为，宽容可以使生命的怀抱变得博大；宽容可以使爱情的天空更加纯粹；宽容可以使友谊的歌咏地久天长。宽容他人，你的心灵也会得到释放。

1．从自己内心开始

有一个青年总以为自己比别人高出一筹，对周围的人百般挑剔，容不下别人犯下的半点错误。

有一天，这位青年来到了海边，他看着一位老渔民悠然自得地打着鱼，心中很羡慕老渔民的那份坦然，于是就问老人："您每天肯定得打很多的鱼吧?"老人回过头来说："孩子，打多少鱼不是最重要的，关键的是不要空着手回家就行了。每天打一点儿吃的，就心满意足了。"

青年人似乎明白了什么，他突然想知道老人对大海的体会，于是他说："海是多么伟大啊！养育了万物生灵。"老渔民反问道："年轻人，你知道海为什么那么伟大吗?"青年久久深思，没有贸然回答。老渔民接着说："大海之所以伟大，是因为它从不嫌弃任何一条小河，才能容纳这么多的水，汇成汪洋浩瀚的大海。"

年轻人听了，恍然大悟，从此不再对别人的过错挑剔，并且很多时候能够从自身开始找原因，脚踏实地地努力工作。后来，他果然取得了他想要的成就。

这便是我要在这里讲到的关于宽容的小故事，或许多少能够给你一些启发。

学会宽容，说起来容易，但真正能够做到的却没有几人。"宽容"的对象大致有两种，一种是宽容他人，一种是宽容自己。我们先来看一个宽容他人的故事：

20世纪60年代，在《人民文学》、《人民日报》等刊物登出来郭沫若的白话诗之后，刚刚大学毕业分配到科学院电子研究所从事语言声学工作的陈明远，给郭老写了一封信，措辞尖锐激烈："读完您那些连篇累牍的分行散文，人们能记住的只有三个字，就是您这位大诗人的名字。编辑同志大概对您的诗名感到敬畏，所以不敢不全文登载，但是广大读者却对您的诗名寄托厚望，所以不能不表示惋惜，甚至因失望而导致嘲笑挖苦……"

为此，郭沫若约见了陈明远，笑着问他："假若你当诗歌编辑，我的诗稿落到你手里，你怎么处置？"

陈明远认真地想了一会儿，回答说："对于您的来稿，我准备分三类处理。第一类，像《罪恶的金字塔》和《骆驼》这样的好诗，还有少数合格的，予以发表；第二类，有可取之处但尚须推敲斟酌的，提出具体意见退还于您，等改好了再用；第三类，诗味索然的，不要分行，当作散文、杂文对待。或者，干脆扔到纸篓里。只有这样，才是真正爱护您的诗句，也才对得起广大诗歌爱好者啊！"

郭沫若听完哈哈大笑，连声说："好！我要碰到你这样的编辑同志就好办了，真是求之不得哩！"

作为文化大家的郭沫若对待他人的批评所表现出来的宽容态度是一种智慧和胸襟！我们以为最大的挑战已经是宽容别人对我们的伤害了。其实，那只是蛋糕上那层薄薄的糖衣而已。人生在世，最难以对抗的东西其实就是自己，所以学会宽容，先要从我们自己开始。

因为如果你已经宽容了自己，就会很容易去宽容别人。若你尚未宽容自己，就很难去宽容别人。宽容是要从自己的内心开始，与别人的关系并不大。生活中，大多数的人虽然不断试着去宽容，但总想抱着先要宽容别人，才能宽容自己的心理。这样做反而会滋生真正的问题，因为并不是每个人都想要被宽容。不接受宽容的，也是大有人在！有些人甚至拒绝相信自己是有罪的！你曾试过宽容一位自认为无罪的人吗？那是行不通的！无论你如何努力，他就是不肯接受你的宽容。

然而，也有一些人始终心怀愧疚，不断尾随你后，请求你的宽容，虽然你已经宽容了他们，但在他们的心里就是无法宽容自己！甚至当你了解到自己需要被宽容时，仍然本末倒置地请求别人的宽容。你能要求某人宽容你，但往往效果不大，因为即使你获得上百人的宽容，甚至上天的宽容，若你无法宽容自己，又有何用？

所以，当你遇到挫折的时候，自己要保持良好的心态，要有战胜困难的信心和勇气。你不小心跌倒了，不要趴在地上懊悔，应该站起来擦亮眼睛继续往前走；路走错方向了，不要停留在原地转圈，要迎着日月星辰，明辨方向不动摇。向外寻求宽容是没有用的，那只是在逃避问题、打击自己，使自己受挫更深，更难以打开我们的心门。

我们唯有了解：感到愤怒的是我们，觉得有罪的是我们，攻击别人并为自己的攻击辩护的也是我们；需要被宽容的是我们，而这宽容却不是别人所能给予的，此时，我们的心门才会真正开启。所以，宽容是由自己的内心生出的，那是你在宽容别人之前，必须先对自己做的一件事，唯有这样，你才是真正地学会了宽容之道。

2．原谅曾伤害过你的人

曾经听过这样一个故事：一个人因为一件很小的事情，多年来一直生活在愤怒、沮丧、仇恨和痛苦之中。事情是这样的：

他和一个同学大学毕业后，一起去一个公司试用。在这之前，他们是无话不谈的好哥们儿，亲如兄弟。

一次，公司派他们两人一起去谈一笔大生意，双方谈得很投机，已经有了初步的意向，只等第二天签合同。他和同学非常兴奋，在宿舍里喝酒庆祝。结果当晚，他喝得酩酊大醉，一直睡到第二天清晨。醒来后，他发现他的同学不见了。等去了公司才知道，他的同学竟趁他烂醉如泥的时候，提前签成了那单生意。当然，所有的功劳都成了同学一个人的。

他心里窝火，决定去找同学算账。结果对方辩解说，喝完酒，心里觉得不踏实，于是便打算连夜将那个合同搞定。本想和他一起去，可是叫了他半个小时，也没能把他叫醒。这个理由他当然不能接受，可是有什么用呢?因为那单大生意，他的同学升了职，并一直做到部门经理；而他在很长一段时间里，一直都只是公司里的一个小业务员。

他接受了这个事实，决心埋头苦干。由于他心里一直埋藏着对同学的愤怒，反而使得他在工作中表现突出，很快也使自己升了职。但他就是无法原谅那个同学。他和同学彻底绝交，拒绝去一切有他那个同学的场合，甚至有时两人在公司遇到，双方也都是形同陌路。

一次聚会中，他跟同事说，他什么都可以宽容，但就是不能够宽容别人的卑鄙行为；他谁都可以原谅，就是不能够原谅那个伤害过他的同学。

后来，他的同学也曾多次找到他，跟他道歉。可是他对同学的道歉总是置之不理。

他的努力得到了老板的赏识，终于也升到了部门经理，但他在心里却怎么也快乐不起来。他说，其实他也很难受，本来，犯错的是他的同学，要受到心灵惩罚的，也应该是那位同学。怎么到最后，受到心灵煎熬的竟然成了他自己呢？并且，还一直持续了这么长时间！

他的一个朋友告诉他：因为你心中有了太多的仇恨。如果一个人对另一个人充满了仇恨，那么，他就不会快乐。朋友还告诉他，要原谅他的那个同学，因为原谅别人曾经犯的过错，对于自己，也是一种心灵的解脱。

虽然他对朋友的话，抱着一种怀疑的态度，但他还是在第二天，试着跟那个同学交流了一下。结果，多年的积怨一扫而光，他们再次成了好朋友。因为不必刻意回避一个同事，心里没有了负担，所以他的业务做得一帆风顺，并再次升了职。

原谅一个曾经伤害过自己的人其实并不难，因为原谅了别人，心中没有了愤怒、仇恨、沮丧和痛苦，心里的负担也就会减轻很多，能够轻装上阵，生活、事业自然也会越走越顺利。如果在化解仇恨的时候能够再略讲技巧，那么你很可能还会收到意想不到的效果呢。我们再来看一个这样的故事：

曾经有个乡下人，大年初一一打开门，就发现有人在大门口放了一个装着骨灰的陶罐。这事干的够缺德的，大过年，这么一闹就没气氛了。这人一转悠，就知道了"好事"是他的仇人——邻居干的，估计也就是你拿了他的钉耙、鸡鸭不给，他挖了你的萝卜、青菜之类的仇吧。

按说这事在村人眼中的确是犯了最大的忌讳——最快乐的时候硬是添上最不快乐的色彩。就是圣明如孔夫子，遇到事还要骂一声"是可忍孰不可忍"，何况一村夫？骂是火力最低的，不过瘾的话还要打，最"酷"的是将这罐玩意儿砸到他的脑袋上去，只是这么一来，骨灰怕是变成真的了。

然而故事的结果恰恰出人意料，那个乡下人把陶罐拿到田里装了泥土，并种进梅花，第二年的大年初一，花开了，他悄悄地把花送回那仇人的门口。在这一天，仇人羞愧地来到这位乡下人的家里赔礼道歉，说：老兄，我输了！

看完这个故事，我实在是佩服这位乡下人那种看似平常的大智慧，因为他知道怎么去忍为最好，并能巧妙地将仇恨化解。

所以，生活中我们只要能够略加思考，运用智慧，巧妙地化解仇恨，原谅那些曾经伤害过我们的人，你也便会拥有一个不一样的人生。正如纪伯伦所说："大智慧是一种大涵养，有涵养的人能以宽容替代仇恨，这样的人才能够享受到生活的美好。"

3．宽恕也是一种美丽

　　"当一只脚踏在紫罗兰的花瓣上时，它却将香味留在了那只脚上。这就是宽恕。"

　　第一次看到含义如此隽永而富有诗意的句子，原来有关宽恕的诠释可以这样优美而令人感动。上苍造物，在赋予生命的同时，也赋予了一颗宽恕包容的心，就像那紫罗兰，从不拿别人的缺点惩罚自己。人生的路，不会是一帆风顺的，总会有各种各样意想不到的遭遇和挫折。如果时时处处都秉持一颗宽恕包容之心，你我就会随时随地收获快乐。

　　我们的心如同一个容器，当爱越来越多时，仇恨就会被挤出去，我们无需一味地、刻意地去消除仇恨，而是要不断用爱来充满内心、用关怀来滋润胸怀，仇恨自然就没有了容身之地。我们何不抛弃仇恨，放下愤怒，来善待自己呢？给人一点宽恕，它将带给你一个重新获取新生的勇气，去直面人生中的另一个幸福时刻。

　　沙粒进入蚌体内，蚌觉得不舒服，但又无法排出，蚌就会用体内的营养把沙包围起来，沙粒就这样变成了美丽的珍珠。生活中，当我们遇到不如意的事情时，如果能像蚌一样，利用自己无法改变的环境，以蚌的肚量去包容一切不如意的境遇，便也会孕育出生命的另一种芬芳。

　　宽恕是一种美丽，深邃的天空容忍了雷电风暴一时的肆虐，才有风和日丽；辽阔的大海容纳了惊涛骇浪一时的猖獗，才有浩淼无垠；苍莽的森林忍耐了弱肉强食一时的规律，才有郁郁葱葱。泰山不辞抔土，方能成其高；江河不择细流，方能成其大。宽恕是壁立千仞的泰山，是容纳百川的湖海。

宽恕也是人生的一种美德。宽恕能使一个人更加成熟，让他用一个宽广的心胸去盛载世界；宽恕能更加密切人与人之间的关系，让他们用友谊的雕栏玉砌去装饰他们的亮丽人生。

懂得宽恕的人才是智者，退一步海阔天空，与人方便就是给己方便，留下一片欢笑，会让生活更加绚丽多彩。而不懂得宽恕的人则会把痛苦留给自己，在被郁郁情怀所困时，才会想起自己少了一份美德，那便是宽恕。

留一份宽恕给伤痛，伤痛会悄悄地溜走，因为在你的心中没有太阳照不到的角落让它驻足；留一份宽恕给邪恶，邪恶会瑟瑟发抖，因为邪恶最恐惧的就是面对美德；留一份宽恕给善良，善良会更加美丽；留一份宽恕给弱者，他们会在温暖中成长，在生活中微笑。当你在黑暗的森林中发现了一缕耀眼的阳光，那你便懂得了宽恕的伟大，懂得用宽恕的心去包容世界，懂得了以后的路会一直通向光明。

宽恕真的是一种旷世的美丽，把欢乐留给大家，你也就有了一份令人心仪的美丽！

4. 人生的"仇恨袋"

古希腊有一个神话故事大意是这样的：一个大力士在路上遇到了一只袋子挡住了他的去路，他就一脚向那袋子踢去，想不到那袋子竟没动，但却变大了；大力士气得又揍了它几拳，想不到它更大了；这下大力士真的恼火了，从地上拿起一条木棒就狠狠地向袋子打去，想不到袋子竟越变越大，大到将前面的路都堵死了……

这就是"仇恨袋"的故事。其实，生活中我们每个人的面前都有一个"仇恨袋"，就看你去怎样面对。如果我们不能以正确的态度，不以宽恕释怀，仇恨就会像故事中的袋子一样，慢慢膨胀，膨胀到让我们无路可走。

生活中我们常常会在自己脑子里预设一些规定，认为别人应该有什么样的行为。如果对方违反规定，就会引起我们的怨恨。其实，因为别人对我们的规定置之不理，就感到怨恨，不是很可笑吗？

大多数人都一直以为，只要我们不原谅对方，就可以让对方得到一些教训，也就是说："只要我不原谅你，你就没有好日子过。"其实，倒霉的人是我们自己，别人并不会在意你的怨恨，是我们自己把自己推到了痛苦的边缘。

那么，我们应该怎样做呢？

很简单，只要在下次，当你觉得怨恨一个人时，闭上眼睛，体会一下你的感觉，感受一下你的身体，你会发现：让别人自觉有罪，你也不会快乐。一个人爱怎么做就怎么做，能明白什么道理就明白什么道理。你要不要让他感到愧疚，对他都差别不大——但是却会"破坏你的生活"。万事不由人，台风带来豪雨，你家地下室变成一片泽国，你能说"我永远也不原谅天气吗"？万一海鸥在你的头上排泄，你会痛恨海鸥吗？既然如此，又为什么要怨恨别人呢？我们无权控制风雨和海鸥，也同样无权控制他人。老天爷不是靠怪罪人类来运作世界的——所有对别人的埋怨、责备都是人类造出来的。为何我们不试着去宽恕？

何为宽恕？

朱熹说"尽己为忠，推己为恕"，就是这道理！将自己的心推及到别人的心，善待别人、宽容别人、理解别人。

天下没有十全十美的人，每个人的身上都有这样或那样的缺点和过错，我们要学会原谅，只有原谅别人，我们才能心安理得地过日子。

你或许会问："如果有人做了非常恶劣的事，我还要原谅他吗？"我们不妨来看一下下面这个故事：

曾经有一个叫山迪·麦葛利格的人。1987年1月，一名精神病患者持枪冲进他家，射杀了他3名花样年华的女儿。这场悲剧使山迪陷入痛苦的深渊，几乎没有人能体会他的悲痛与愤怒。

随着时间的流逝，他在朋友的劝慰下体会到，要使自己的生活步上常轨，唯一的办法是抛开愤怒，原谅那名凶手。目前，山迪把所有时间用来帮助别人获得心灵的平静及宽恕他人上。当有人问山迪是如何做到的，他笑笑，说：我抛开愤怒是为了自己，希望自己能够好好地活下去，仅此而已。

从他的经验可以证明，即使是遭逢剧变所引起的怨恨，在人性中也依然可以释怀。

令人心碎的事、大病、孤寂或绝望每个人都难以幸免。失去珍贵的东西之后，总有一段伤心的时期。问题是，面对这些人生的"仇恨袋"时，你最后到底变得更坚强还是更软弱了？

5. 宽恕别人，解放自己

孔子说，看一个射箭手技术的高低主要是看他是否射中了靶心，而没有必要非要到靶子后面去看看他是否射穿了靶子。看似简单的一句话，其实向我们揭示了一个非常重要的道理：我们对人，不要太过苛求，要多一些宽恕和理解，只有这样，大家才能心情愉快，和睦相处。

春秋时期，一次楚庄王因为打了大胜仗，十分高兴，便在宫中设盛大晚宴，招待群臣，宫中一片热火朝天。楚王也兴致高昂，叫出自己最宠爱的妃子许姬，替群臣斟酒助兴。

忽然一阵大风吹进宫中，蜡烛被风吹灭，宫中立刻漆黑一片。黑暗中，有人扯住许姬的衣袖想要亲近她。许姬便顺手拔下那人的帽缨并赶快挣脱离开，然后许姬来到庄王身边告诉庄王说："有人想趁黑暗调戏我，我已拔下了他的帽缨，请大王快吩咐点灯，看谁没有帽缨就把他抓起来处置。"

庄王说："且慢！今天我请大家来喝酒，酒后失礼是常有的事，不宜怪罪。再说，众位将士为国效力，我怎么能为了显示你的贞洁而辱没我的将士呢？"说完，庄王不动声色地对众人喊道："各位，今天寡人请大家喝酒，大家一定要尽兴，请大家都把帽缨拔掉，不拔掉帽缨不足以尽欢！"

于是群臣都拔掉自己的帽缨，庄王再命人重又点亮蜡烛，宫中一片欢笑，众人尽欢而散。

三年后，晋国侵犯楚国，楚庄王亲自带兵迎战。交战中，庄王发现自己军中有一员将官，总是奋不顾身，冲杀在前，所向无敌。众将士也在他的影响和带动下，奋勇杀敌，斗志高昂。这次交战，晋军大败，楚军大胜回朝。

战后，楚庄王把那位将官找来，问他："寡人见你此次战斗神勇异常，寡人平日好像并未对你有过什么特殊好处，你为什么如此冒死奋战呢？"

那将官跪在庄王阶前，低着头回答说："三年前，臣在大王宫中酒后失礼，本该处死，可是大王不仅没有追究、问罪，反而还设法保全我的面子，臣深深感动，对大王的恩德牢记在心。从那时起，我就时刻准备用自己的生命来报答大王的恩德。这次上战场，正是我立功报恩的机会，所以我才不惜生命，奋勇杀敌，就是战死疆场也在所不辞。大王，臣就是三年前那个被王妃拔掉帽缨的罪人啊！"

一番话使楚庄王和在场将士大受感动。楚庄王走下台阶将那位将官扶起，那位将官已是泣不成声。

这虽然仅仅是个故事，真实性无法考证，但是读后却让我们的心为之一颤，可见宽恕给人的心灵以怎样巨大的温暖和感动，以致经年不忘！

但凡聪慧的人都是会宽恕别人的，因为宽恕别人的同时，其实也是在帮助自己。宽恕别人对我们来说并不困难，却也不容易，关键是心灵如何选择。当一个人选择了仇恨，那么他将在黑暗中度过余生；而一个人选择了宽恕的话，那么他能将阳光洒向大地。古语常说："知错能改，善莫大焉。"既然如此，面对一个人在无意中犯下的错误，我们为何不能宽恕呢？当我们的心灵为自己选择了宽恕的时候，我们便获得了应有的自由。因为我们已经放下了仇恨的包袱，无论面对任何人，我们都能够赠以甜美的微笑。

美国前总统林肯幼年曾在一家杂货店打工。一次因为顾客的钱被前一位顾客拿走，顾客与林肯发生争执。杂货店的老板为此开除了林肯，老板说："我必须开除你，因为你令顾客对我们店的服务不满意，那么我们将失去许多生意，我们应该学会宽恕顾客的错误，顾客就是我们的上帝。"在许多年后，林肯当上了总统。做了总统后的林肯说，"我应该感谢杂货店的老板，是他让我明白了宽恕是多么的重要。"

学会宽恕别人，就是学会善待自己。仇恨只能永远让我们的心灵生活在黑暗之中；而宽恕，却能让我们的心灵获得自由、获得解放。宽恕别人，可以让生活更轻松愉快。宽恕别人，就是解放自己，还心灵一份纯静。

6．请放下你的手指

孔子的学生子贡曾问孔子："老师，有没有一个字，可以作为终身奉行的原则呢？"孔子说："那大概就是'恕'吧。""恕"，用今天的话来讲，就是宽容。西谚曰："世界上最大的是海洋，比海洋更大的是天空，比天空更广阔的是人的胸怀。"这里讲的就是宽容为怀的道理。

佛家禅语中有这样一个故事：

相传古代有位老禅师，一日晚在禅院里散步，突见墙角边有一张椅子，他一看便知有位出家人违犯寺规越墙出去溜达了。老禅师也不声张，走到墙边，移开椅子，就地而蹲。少顷，果真有一小和尚翻墙，黑暗中踩着老禅师的背脊跳进了院子。

当他双脚着地时，才发觉刚才踏的不是椅子，而是自己的师傅。小和尚顿时惊慌失措、张口结舌。但出乎小和尚意料的是，师傅并没有厉声责备他，只是以平静的语调说："夜深天凉，快去多穿一件衣服。"

我们可以想象听到老禅师此番话语之后徒弟的心情。当徒弟犯错之时，老禅师并没有过多地指责、批评，而是用一颗宽容之心加以感化。在这种宽容的无声的教育中，徒弟不是被他的错误惩罚了，而是被教育了。

曾经看过这样一句话觉得很有道理：当你伸出两只手指去指责别人时，余下的三只手指恰恰是对着自己的。这句话告诉我们，不要对别人百般挑剔、随意指责，应当学会宽容、理解别人，同时也应该看到自己身上的不足，检讨自己。生活中，与人为善，严以责己，宽以待人，才能构建与人和睦相处的和谐关系，也才能建立起幸福美满的婚姻家庭。

一位老妈妈在她50周年金婚纪念日那天，向来宾道出了她保持婚姻幸福的秘诀。她说："从我结婚那天起，我就准备列出丈夫的10条缺点，为了我们婚姻的幸福，我向自己承诺，每当他犯了这10条错误中的任何一项的时候，我都愿意原谅他。"有人问，那10条缺点到底是什么呢？她回答说："老实告诉你们吧，50年来，我始终没有把这10条缺点具体地列出来。每当我丈夫做错了事，让我气得直跳脚的时候，我马上提醒自己：算他运气好吧，他犯的错都是我可以原谅的那10条错误当中的一个。"

在婚姻的漫漫旅程中，不会总是艳阳高照，鲜花盛开，也同样有夏暑冬寒、风霜雪雨。面对生活中的一些小矛盾，如果能像那位老妈妈一样，学会宽容和忍让，而不是互相指责对方的缺点和错误，你就会发现，幸福其实就在你的身边。

在人生中，宽容实在是一种无坚不摧的力量。因为只有互相宽容的

第3章：宽容他人，让心灵得到释放

夫妻才能千年共枕，幸福长久。

所以我们一定要学会宽容，不要指责，因为宽容是一种宽广的胸怀，是对人对事的包容和接纳，而指责只会让事情越来越糟，让我们的心胸变得越来越狭窄。

宽容是对别人的释怀，也是对自己的善待。读懂宽容、学会宽容、善于宽容，于人于己都有益。我们来到这个世界上肩负着丰富这个世界和完善这个世界两大使命。学会宽容，可以化解这个世界上的一切矛盾，化干戈为玉帛。不懂得宽容，喜欢用手指指责别人的人，请放下你伸出的手指，因为你要知道：当你伸出两只手指去指别人时，余下的三只手指恰恰是对着自己的！

7. 宽容是一片晴天

有一个人向来对自己要求苛刻，也同样苛刻地要求周围的朋友。

其实，他很聪明，对人也很热情，又极其热爱交朋友。可以这样说，他根本无法忍受没有朋友的那种孤独和寂寞。然而，他又不允许朋友身上存在任何缺点和毛病，甚至不允许存在与他不同的个性和为人处事的方法。一些朋友为同他保持一段时间的友谊，只好时时刻刻压抑着自己。可是，压抑自己是一种非常痛苦的事情，谁也不能坚持长久。

于是，他一边热情地结交着新朋友，一边在挑剔中淘汰和失去老朋友。久而久之，他连一位朋友也没有了。

其实朋友交往也需要宽容，因为我们每个人都是个性不同的"另一个"，无法宽容别人和我们的"不同"，也就没有了友谊，宽容是友谊的题中之义。有这样一个关于友谊的故事：

有一对朋友在沙漠中行走，途中两人为了一点事情争吵起来，其中一个还给了另外一个一记耳光。被打的觉得受到污辱，一言不发，在沙子上写下："今天我的好朋友打了我一巴掌。"

他们继续向前走着，又到了一个沼泽地，被打的那位差点儿淹死，幸好被朋友救起来了。被救起后，他拿了一把小剑在石头上刻了："今天我的好朋友救了我一命。"

朋友不解，问道："为什么我打了你以后，你要写在沙子上，而现在要刻在石头上呢？"

他笑了笑说："被一个朋友伤害时，要写在易忘的地方，风会抹去它；而如果被帮助，我们要把它刻在心灵深处，那样任何风都不能抹去它。"

朋友的伤害往往是无心的，帮助却是真心的。对待友情时除了要真诚和坦诚外，更重要的是要多一份宽容，多一份理解。珍惜已有的那份友情、那份真情，友谊才会地久天长。

宽容朋友，其实就是宽容我们自己。多一点儿对朋友的宽容，其实，我们友谊中就多了一点儿空间。有朋友的人生路上，才会有关爱和扶持，才不会有寂寞和孤独；有朋友的生活，才会少一点儿风雨，多一点儿温暖和阳光。学会对友情宽容，我们的头上才会永远都是一片晴天。

第3章：宽容他人，让心灵得到释放

8．爱要宽容

看过这样一个故事：

女人有了外遇，要和丈夫离婚。丈夫不同意，女人便整天吵吵闹闹。无奈之下，丈夫只好答应了。不过，离婚前，他想见见妻子的男友，妻子满口答应了。第二天一大早，便把一个高大英俊的中年男人带回家来。

女人本以为丈夫一见到自己的男朋友必定气势汹汹地讨伐。可没想到，他很有风度地和男人握了握手。之后，他说他很想和她的男友交谈一下，希望妻子回避一会儿。女人遵从了丈夫的建议。站在门外，女人心里七上八下的，生怕两个男人在屋里打起来。事实证明，她的担心是多余的。几分钟后两个男人相安无事地走了出来。

送男友回家的路上，女人禁不住问："我丈夫和你谈了些什么？是不是说我坏话了？"男友一听，止住了脚步，他很惋惜地摇摇头说："你太不了解你丈夫了，就像我不了解你一样！"女人听完连忙申辩道："我怎么不了解他，他木讷，缺乏情趣，家庭保姆似的不像个男人。"

"你既然这么了解他，你应该知道他对我说了些什么。""说了些什么？"女人更想知道丈夫说的话了。

"他说你心脏不好，但易暴易怒，叫我结婚后凡事顺着你；他说你胃不好，但又喜欢吃辣的，叮嘱我今后劝你少吃一点儿辣椒。""就这些？"女人有点儿惊讶。"就这些，没别的。"

听完，女人慢慢低下了头。男友走上前，抚摸着女人的头，语重心长地说："你丈夫是个好男人，他比我心胸开阔。回去吧，他才是你真正值得依恋的人，他比我和其他男人更懂得怎样爱你！"

说完，男友转过身，毅然离去。这次风波过后，女人再也没提过离婚俩字，因为她已经明白，她拥有的这份爱，就是最好的那一份！

故事看完，总不觉让人怀有一丝感慨。是啊，女人已经拥有了一个能够真正忍耐、包容她的人，一个真正爱她的人，她还能再去奢求什么呢！《圣经》中有这样一段话："爱是恒久的忍耐，爱是不嫉妒、不自夸、不张狂。不做自惭之事，不谋一己之利。不轻易发怒，不计他人之恶。远不义，近真理。凡事包容。"我认为这就是对爱的最好表达，也是我们构筑真情真爱的基石。

生活中任何一份成熟的爱情都需要耐心地付出时间去等待它的果实。在这个漫长的过程中，真心相爱的人，更多的需要的是宽容，只有宽容，才能让两个人携手走完人生，也只有宽容，才能让我们的爱情之花开得长久灿烂。

对爱的宽容是理解，它可以让我们原谅对方一时的过错，和和气气地做个大方的人。不对感情的事锱铢必较，耿耿于怀。宽容往往如水的温柔，在遇到矛盾时通常比过激的报复更有效。它似一捧清泉，款款地抹去彼此一时的狭隘，使人们冷静下来，从而看清事情的缘由。同时，也看清自己。选择宽容，也就选择了理解，同时也为爱选择了海阔天空。

对爱的宽容是珍惜，这意味着不仅不计较个人的得失，更重要的是用自己的爱与真诚来温暖对方的心灵。心平如水的宽容，使纷繁的感情经过过滤变得纯净；炙热如火的宽容，让平淡通过煅烧日趋鲜明。宽容明亮而温暖，不仅能融化彼此的冰冻，而且能将爱的热力辐射进对方的心窝。

对爱的宽容是气度，它不仅仅表现在我们对爱的细节的处理上，而且可以升华为一种对人生的胸襟、一种对人生如诗般的气度。宽容的涵义也不仅限于相爱的双方真实和深刻的理解与关爱，而且体现了自己内心对于天地间一切生命和感情产生的旷达与博爱。

所以，对待爱情我们应当学会宽容，因为多一分宽容，就会少一分遗憾。当我们选择了宽容，也便真正懂得了爱的真谛——真水无香，真爱无语，真情无悔，真心无怨！

第**4**章

学会坚强，做个勇敢的角斗士

人生之路，总是充满崎岖坎坷、荆棘密布。在你彷徨失措时，不妨给自己一个坚强的理由，树立坚定的生活信念，找回曾经的自信，你的心灵从此不再迷失方向；在你感觉疲惫无助时，不妨给自己一个坚强的理由，用心品尝生活带给我们的点滴味道，继续坚持不放弃，脚下的道路总会越走越宽阔；在你陷入困境时，不妨给自己一个坚强的理由，笑看生活浮沉，勇敢面对和战胜，感谢挫折磨练了自己的意志。让我们学会坚强，做个勇敢的角斗士，生命之花就会越开越娇艳。

1. 做块燃烧的"木柴"

我们的处境就像希腊神话里受诸神惩罚的西西弗：不停地把一块巨石推上山顶，而石头由于自身的重量又滚下山去，一切重新开始，如此周而复始、永无止境。这也许就是我们真实的生活——简单的重复、毕生的苦役。

法国哲学家帕斯卡尔曾说："人是一根能思想的芦苇，是自然界最脆弱的东西。"我们周围总是存在一些为生活苦苦挣扎的人们，在巨大的困难面前，他们总是显得那么渺小，那么脆弱和不堪一击，但是他们并没有被强大的敌人吓倒，没有一味地抱怨和愤恨命运的多舛，而是在生命的磨练中慢慢地学会了坚强。

有一个十五六岁的女孩，本是上学的年龄，却在大学门口摆着"肉夹馍"的招牌。每天一大早蹬着一辆破旧的三轮车从一个未知的地方赶来，夜里十二点过后又向那个未知的地方赶去。饿的时候吃自己做的"肉夹馍"，有时会破例买盒快餐。她的母亲也隔三岔五过来帮忙。女孩要经常对付城管局的官员，每次争得面红耳赤，哭得稀里哗啦，最后还得万般不情愿地把罚款愤愤地交出。女孩的爱情也诞生在这个摆摊的地方，是一个大自己许多的男孩。男孩每次把烧烤的摊点摆在她的旁边，然后笨手笨脚地过去帮着倒忙。女孩像大人一般沉稳干练，脸上偶尔也会对男孩的举动露出责怪的微笑。

还有一位中年男子，经营饮料生意，四十上下，断了右臂，而且是个哑巴。两个半人高的不锈钢桶放在垫着木板的三轮车上，一桶酸梅汤、一桶橙汁。他用左手一阵一阵地拍打桶壁，以此招揽客户，却很少有人问津。口渴的人们会投去一元钱，叫一声"酸梅汤"或者"橙汁"，他便乐呵呵地甩开空荡荡的右边衣袖，左手利索地从包里掏出一次性塑料杯，盛上满满一杯，然后乐呵呵地目送顾客离开。

其实很多人都像他们一样，生来命运都是悲苦的，他们必须承载多于他人千百倍的负荷。一路艰辛，一路隐忍。生活从来就不会一帆风顺，面对命运的不公时，你又能怎样呢？逃避是懦弱的，轻视生命是可耻的，好死不如赖活，与困厄搏击，扼住命运的喉咙……生存便成了一场战斗！在这场生与死的较量中，总是有人坚持到最后，也总会有人半途而废。

我们要如何看待身边那些放弃生命的人呢？他们懦弱吗？他们可耻吗？他们不负责任吗？我们是去鄙夷，是去理解，还是要扼腕叹息呢？面对弥足珍贵却蝼蚁一般的生命，我们要以一种什么样的姿态顶天立地于浩淼宇宙？

生活有时真的如此不堪，肮脏、丑陋、晦涩……我们有太多的理由选择放弃坚强。然而，谁又能放得下呢？父母把一切献给了子女，恋人把一切献给了爱人，赤子把一切献给了祖国，心怀天下者把一切献给了别人！

诚如巴金前辈所言："就让我做一块木柴吧，我愿意把自己烧得粉身碎骨给人间添一点点温暖。"

不如，就让我们在生活的艰辛中做一块木柴吧，即使是被烈火焚烧却仍能咧着嘴笑对人生！

第4章：学会坚强，做个勇敢的角斗士

2. 困难使我们更强大

国际巨星李连杰，在朋友中有个外号，叫"死过一百次的生还者"。他生命力的顽强由此可见一斑。

李连杰的父亲生前是中央广播电台的技术员。在他两岁时，父亲因工伤去世，母亲拉扯他和他两个哥哥、两个妹妹，还要照顾公公婆婆，生活非常艰苦，李连杰儿时几乎没有买过什么玩具，参加武术队后，每月发的工资都要拿回家来给母亲贴补家用。11岁开始，李连杰连续5次拿到全国武术比赛冠军，18岁拍了《少林寺》后一夜成名。但好景不长，第二年就因意外摔断了腿，差点儿成为废人；好不容易等到《黄飞鸿》系列电影大卖，他的经纪人又遭黑道枪杀，事业再次陷入低谷。更为严重的是，2004年印尼海啸时，李连杰差点儿妻离子散命丧异地。一系列的打击，令李连杰的情绪特别低落，天天想着出家当和尚。

但是，少林寺的一位高僧却不同意他这样做，他说：出家并不能从根本上解决问题，佛家还讲究入世修行呢！后来，李连杰去好莱坞发展时，高僧要他记住一句话：一切困难都是为了帮自己变得更强大！

李连杰到了好莱坞，事情却并不顺利，傲慢的好莱坞并不肯接纳他这个身高只有170cm的华人。

一天晚上，李连杰打电话给那位高僧，向他倾吐苦水。高僧听后，只是淡淡地说："这些年你吃了不少苦头，但现在回过头来想一想，是现在的你强大，还是过去的你强大？"李连杰一愣，想着自己这半生的经历，的确，那些困难现在看起来都不值一提了，可当时，又何尝不是逼得自己走投无路？但无论怎样，自己毕竟还是挺过来了，看看现在的生活不是过得很好吗？可见，困难的确是让李连杰变得强大了，至少，是让他的承受能力越来越强了！

从那以后，李连杰不再惧怕任何困境，对困境甚至抱着一种"欢迎"的态度。朋友都说他疯魔了，但他心里知道，这不过是在困难中修炼自己，这些都是为了能使自己变得更加强大罢了。

近几年，李连杰对武术之道也开始越来越有想法，他很想和观众分享这种想法。随着《霍元甲》的热映，大家也开始知道：哦，原来李连杰并不是一个武打机器，他也是有自己的想法的；中华武术除了实用之外，里面还有许多博大精深的东西啊！

李连杰就是这样一个永不服输、能够坚持梦想不放弃的人。他说：拍摄电影的目的就是既要表达内心，又要保证票房。这的确是一件太困难的事。但他从多年的摸爬滚打中已深深体会到：困境总会过去的，而经历过这些困境的自己，却会在这个过程中变得更坚强，更乐观，更具有生命力。

同样信奉"困难让我坚强"的中国女排教练陈忠和，一生以"熬"字当头，佐以爽朗笑声，历经事业的无数次坎坷之后，坚持锲而不舍的追求。从1979年开始到中国女排担任陪打教练起，他便与中国女排结下了长达24年的不解之缘。到2000年之前，作为助手的陈忠和，先后辅佐袁伟民、胡进、郎平等主教练，率领中国女排获得了所有可以获得的荣誉。

但就是在获得这些荣誉的背后，命运却给了陈忠和太多的磨难。25年前哥哥车祸身亡，他成了家里唯一的支柱。可是工作性质决定了陈忠和没有多少时间可以留给家人。妻子王莉莉成了帮他负担一切的人。1992年初，更大的打击向陈忠和袭来，他的爱妻在一次交通意外中丧生，从此天人永隔。4年之后母亲瘫痪，2000年悉尼奥运会期间父亲脑溢血去世，陈忠和只是默默承受，痛在心里。"过去的事了，不提也罢。"隐藏的苦涩，在淡淡的笑容中一闪而过。陈忠和说："生活的痛苦有时候会使人变得坚强，只要去细细品味人生，就会有所收获。"

是啊，人的一生总是充满了太多的磨难，但只要我们能够勇敢地面对不退缩，有时痛苦反而可以孕育出坚强。也许我们没有硕果累累的果实，也许我们没有琳琅满目的物质基础，但历经困难逐渐强大起来的意志却使我们拥有常人无法比拟的信念。因为困难，我们懂得了生活中的某些拥有或失去的可贵；因为困难，我们才真正理解了生命存在的意义。所以，请不要再畏惧困难，因为一切困难都只会使我们变得更加强大！

3．用意志拯救自己

春秋战国时期，一位父亲和他的儿子出征作战。父亲已做了将军，儿子还只是马前卒。又一阵号角吹响，战鼓雷鸣了，父亲庄严地托起一个箭囊，其中插着一支箭。父亲郑重对儿子说："这是家传宝箭，配带身边，力量无穷，但千万不可抽出来。"

那是一个极其精美的箭囊，厚牛皮打制，镶着幽幽泛光的铜边，再看露出的箭尾，一眼便能认出是用上等的孔雀羽毛制作的。儿子喜上眉梢，贪婪地推想箭杆、箭头的模样，耳旁仿佛嗖嗖地箭声掠过，敌方的主帅应声落马而毙。

果然，配带宝箭的儿子英勇非凡，所向披靡。当鸣金收兵的号角吹响时，儿子再也禁不住得胜的豪气，完全忘记了父亲的叮嘱，强烈的欲望驱使着他呼一声就拔出宝箭，试图看个究竟。骤然间他惊呆了。

一支断箭，箭囊里装着一支折断的箭。我一直挎着支断箭打仗呢！儿子吓出了一身冷汗，仿佛顷刻间失去支柱的房子，斗志轰然瓦解了。结果不言自明，儿子惨死于乱军之中。

拂开蒙蒙的硝烟，父亲拣起那柄断箭，沉重地啐了一口道："不相信自己的意志，永远也做不成将军。"

故事中的儿子把战争的胜败完全寄托在一只"宝箭"上，却不相信自己，当他发现宝箭原来只是一支断箭时，不禁意志瓦解，完全丧失斗志，最终惨死战场。他的做法是极其愚蠢的，然而想想有时我们又何尝不是如此呢？其实自己才是那支箭，若要它坚韧，若要它锋利，若要它百步穿杨、百发百中，磨砺它、拯救它的只能是我们自己的意志。生活中有很多人就是靠着自己顽强的意志力取得成功的。

本杰明·富兰克林就是这样一个对目标有一种非凡的执著精神的人。当他在费城创办印刷厂的时候，他用一个小推车在街上运送物资。他租了一间房子作为他的办公室、车间和卧室。后来，在费城，他遇到了一位强大的对手。

有一次，他把那个人请到他的那间小屋中去参观。用手指着半块作为他的美餐的干面包说："假如你不能比我生活得更简朴，你就不可能超过我。"

他的这一做法正如埃德蒙·伯克所说："那些与我们竞争的人使我们的意志更加坚强，技能更加熟练。因此，我们的对手并不一定是我们的敌人，反倒成了我们的恩人。"

一个名叫乔治·皮博迪的小伙子拖着疲惫的身体，忍受着伤痛和饥饿，在美国康科德的一个小酒馆中请求对方给他一个伐木的工作，以换得住处和食物。后来，他全身心地投入到工作中去，用自己顽强的意志，最终告别了早年时期的贫困，成了一个有名的富商。

吉登·李在小的时候，冬天连鞋都没有。但是他仍然坚持赤着脚踏着雪去工作。他这样规定自己：每天工作16个小时，并且坚持实现他的诺言。如果因故没有工作到规定的时间，他就会牺牲睡觉的时间去弥补。后来，他终于创造了许多财富，并且当选为纽约市市长和国会议员。

希拉斯·菲尔德曾设想，要在大西洋底铺设海底电缆，使得欧洲和美洲大陆可以建立起有线通讯。尽管提出这一构想时，他已告别颇有成就的职业生涯了，但他仍然以全身心的姿态投身于这一伟大的事业。这项工程的困难令人难以想象，包括纽芬兰岛上的大片原始森林、游说国会提供资助、缺乏维护长距离电缆的经验、电缆在深海中不断地折断、电流无故中断等等，然而所有这些都没有动摇菲尔德那坚强的意志。人类伟大的心理力量使他最终获得了成功。

这样的例子还有很多，他们之所以都能取得成功，完全是脚踏实地地埋头苦干和不屈不挠的意志力的结果。记得一位名人曾经说过："我们所走过的路铺就了我们的成功；我们所掌握的能力让我们取得了胜利。"世界上没有救世主，想要走出困境取得成功，拯救我们的，只能是自己坚定不移的意志。

4. 意志力的睿智抉择

很久以前，有一位女性要一个人横渡大海峡，为此她做了很充分的准备，从技术的角度，从个人体力的角度，从海水流向的角度，以及流速等等的分析，她自认为万无一失的时候，选择了一个夜晚，开始横渡海峡。然而在那天夜晚，她却突然赶上了从未有过的恶劣天气，于是她被一股暗流冲离了主航线，由于天气的原因，也使她丧失了到达彼岸的灯标，于是，她一个人在大海中拼搏着，陪同救护的船只也找不到上岸的方向了。在经过了一次次的努力之后，她感到了莫名的心理恐惧，最后，在护卫船船员的劝告下上了护卫船，就在她上船的刹那，海面上出现了少有的平静，飓风也过去了，雾霭也已消散，看着前方，她大吃一惊。原来，她上船的地方距离海岸只有短短的几百米远。但是，当时却因为自身丧失了意志力，她的挑战只能是在离成功一步之遥的地方望洋兴叹了。

意志力是人们有意识地支配、调节行为，通过克服困难，以达到预期目标的心理过程。我们都知道，每个人的意志力都会有大有小，有太过也有不及，有正也有反，它有一种无法量化的深度。词典上将"意志力"解释成"控制人的冲动和行动的力量"，其中最关键的就是"控制"和"力量"这两个词。"力量"是主观存在的，它的潜能发挥来源于客观环境，当一个人身处逆境和恶劣环境时，他的意志力反而会越磨砺越坚实，关键就在于我们应该学会如何"控制"这种"力量"的发挥。

每个人都是一种情绪化的动物，产生困难的时候，往往会表现得情绪消沉，这也是一种正常的行为表现。而情绪的波动和困难环境中的活动，更能使人的意志得到更大的巩固和锤炼。有意志力的人，能够克制自己的恐惧、悲观等消极的情绪，在逆境中激励自己，并总结经验教训，从而使自己达到目标。古往今来，每个成功人士都是在逆境中跋涉过来的，而意志力是他们成功的最大动力。

征服了"世界第三极"的旅行家余纯顺，就是凭借自己顽强的意志力得以实现的。

余纯顺，在成功之前是一个十分看重名声的人，也许这同长期受到歧视和压抑有关。因为他太想出人头地了，他想体面地生活，想用读书来改变自己的命运。但自学考到大学也没人用他，妻子又同他离了婚，人生的一次次打击，使他自卑到了极点。于是他想通过非常的举动、非凡的意志力来证明他作为男子汉的存在价值。徒步走中华，遍访33个少数民族，发表游记40余万字，行程4万多公里，足迹踏遍23个省市自治区，沿途拍摄照片8千余幅，为沿途人们做了150余场题为"壮心献给父母之邦"的演讲。在经历过一次次磨难之后，他的成就向世人证明了他当初选择的正确性。我们也可想而知，如果一个没有树立明确的人生目标并持有惊人的意志力的人是不可能摆脱困境，走向成功的。

人生之路总是充满各种不可预知的磨难，但只要你能做好准备，以顽强的意志面对，选择正确的人生方向，就会离你的目标越来越近。

人们都知道北冰洋的冰山裸露在水面上的只是很小很小的一角罢了，而大多数的冰山都在水面以下。一些没有航海知识的人所驾驶的船只，就会被冰山所撞沉或搁浅，而另一些船只却能经历危难平安渡过……同样面对水下无法预知的巨大障碍，为什么结果却不一样呢？原因就是，在你面对危难时，能否克服恐惧心理，不丧失意志力，冷静地处理眼前所发生的一切事情。

其实，我们大多数人都在经历着失败，就是因为犯了类似的错误。所以，当我们选择了人生的目标之后，就要树立正确的态度，不要畏惧可能而来的困难，不轻言放弃，要有坚持到底的信心和勇气，同时，要理性而睿智地面对自身所选择的目标，将自己生命的意志力发挥到极限的境界，那么你离所想要的成功就不远了。

5．站桩的启示

曾经有一个人，对学功夫很热衷，缠着要拜一位老师为师。老师说，我收学生有一个规矩，凡是意志力薄弱的人我不要，你给我站一下大马步吧，能站5分钟就留下，站不了就回家吧。

大马步桩是武术的基本功夫，要求两脚分开为臂宽的两倍，大腿蹲平，是一种很吃力的功夫。那个人拉开架子往地上一站，只过了半分钟就来了反应：两腿颤抖，呼吸急促，满脸胀红。不到1分钟就吃不住了，嘴里嚷着"我不行啦我不行啦"，然后歪着身子站了起来，满脸通红地离开了。

但是半年后，他又去找那位老师，老师还是让他站桩。但这次，他一站就站了30分钟，老师满意地点点头把他收下，大伙儿很惊奇地问他是怎么练的。他后来说回去以后是羞愧难当，发誓要为自己争回这口气，不是站5分钟，而是要站30分钟。

于是，当天夜里他就开始练站桩，但是不到1分钟又不行了。第二天继续站，还是过不了1分钟，他天天如此，屡站屡败。这样反反复复地持续了1个月，他感觉再这样练下去是不会有结果的，因为这种反复不是在坚强自己的意志，而是进一步销蚀本来就不强的意志力。

他闷头想了半天，忽然醒悟到这是好高骛远所带来的恶果，为什么每次都要盯着30分钟不放呢？连1分钟也站不了的人老想着30分钟只能令自己更加泄气。于是他把目标定在1分钟上，等能够坚持1分钟再说。

当天夜里他就站了1分钟，这让他喜出望外，决定第二天加码至5分钟，没想到第二天站到1分钟左右就坚持不下去了。这回他学乖了，马上察觉到自己又重犯了浮躁的老毛病。冷静下来以后他做了一个练功计划，决定以1分钟为基础，每过一个星期增加半分钟，争取在一年内达到站桩30分钟的目标。

就这样，他每天夜里练站桩，开始那一段还得咬牙咧嘴地坚持，不断地想去看腕子上的手表。过了一段时间，心开始变得平和，不再去关心时间。再过了一段时间，发现大腿没以前那么火烧火燎了。但他没有改动计划，还是按部就班去站桩。直到有一天，脑子里冒出了一个念头：今天不设手表定时，看看能站多长时间。结果他一站就站了30分钟。

这个故事给我们的启示是：每个人的意志力都不是凭空而来的，增强意志力需要脚踏实地去实践，不能悲观失望，也不能急于求成。只要一步一个脚印地走下去，就会积少成多，到达预定的目标。这就是我们通常所说的"不积跬步，无以至千里"的道理。美国总统里根就是这样一个靠着自己脚踏实地的努力实现理想的人。

里根总统曾经是一个演员，很早他就下定了决心要当上美国总统。由于里根的青年时代一直都是在做演员，对于政治可以说还是个门外汉，这成了他进入政界的最大障碍。

共和党保守派怂恿他竞选州长时，他毅然答应了，准备要在政治上开创新的事业领域。

　　同样，不是每一个拥有坚定决心的人都会成功，它同时还需要脚踏实地的努力，里根后来之所以能够成为美国总统，与他做演员的优势是密不可分的，以下两件事情使他更加坚定了信心，相信自己有能力成为有所作为的国家领导人。

　　以前，里根曾经受聘于通用公司，广泛接触过社会各界人士，掌握了大量的社会经济和政坛情况。了解的这些情况成了他后来竞选总统不可或缺的重要信息；另一件事情是他加入共和党后，发表了一篇题为《可供选择的时代》的演讲，精彩的演讲使他大获成功，也使他赢得了不少选民；与此同时，里根的一位多年好友(也是一名演员)凭借自身魅力也战胜老牌的政治对手而当上了加州议员，这更加坚定了里根涉足政坛的信念，后来的结果也的确如此，里根获得了成功。

　　生活中这样的例子还有很多，像《孙子兵法》的作者、著名军事家孙膑，自学成材的数学家华罗庚，举世闻名的"镭"的母亲——居里夫人，大发明家爱迪生……他们每个人的成功都不是一蹴而就的，都是在自己的人生经历中不断磨练自己，使自己的意志力在磨练中日益强大，从而最终取得成功的。

第4章：学会坚强，做个勇敢的角斗士

6. 打造自己的意志力

史蒂芬·霍金在剑桥大学读研究生时被诊断患了"卢伽雷病"，不久，就完全瘫痪了。1985年，霍金又因肺炎进行了穿气管手术，此后，他完全不能说话，依靠安装在轮椅上的一个小对话机和语言合成器与人进行交谈；看书必须依赖一种翻书页的机器，读文献时需要请人将每一页都摊在大桌子上，然后他驱动轮椅如蚕吃桑叶般地逐页阅读……

霍金正是在这种一般人难以想象的艰难中，成为世界公认的引力物理科学巨人的。霍金在剑桥大学任牛顿曾担任过的卢卡逊数学讲座教授之职，他的黑洞蒸发理论和量子宇宙论不仅震动了自然科学界，并且对哲学和宗教也有深远影响。经过数年的辛勤写作和修改，他于1988年4月正式出版宇宙论科普著作《时间简史》。书中引导读者遨游外层空间奇异领域，对遥远星系、黑洞、夸克、大统一理论、"带味"粒子和"自旋"的粒子、反物质、"时间箭头"等进行探索。《时间简史》，已用33种文字发行了550万册，如今在西方，自称受过教育的人若没有读过这本书，会被人看不起。

医生曾诊断身患绝症的霍金只能活两年，他之所以能坚持到今天并取得卓越成就，最主要的是他在与病魔搏斗的这些年里建立起来的惊人的意志力。一个人要想取得卓越成就，就必须要有一份异于常人的意志力，那么生活中的我们怎样才能打造自己的意志力呢？不妨从以下几点加以修炼：

第一，从小事做起，从现在开始。

万里长城是一块块砖石砌成的；万里长征是红军战士一步步走过来的。意志力的强大也是需要慢慢培养的。倘若认为小事情微不足道，不日积月累通过小事情去培养意志力，而企望有朝一日在大事情上表现出坚强意志来，那简直是幻想。俗话说："千里之行，始于足下。"列宁也说：要成就一件大事业，必须从小事做起。

培养意志力不仅要从小事做起，而且要从现在开始。每个人都有惰性。惰性是削弱意志、摧毁毅力的蛀虫，是培养意志力的大敌。所以，想要磨砺出坚强的意志，就必须从现在开始战胜惰性，学会脚踏实地，从"今天"的一点一滴做起。

第二，持之以恒，善始善终。

意志力的锻炼，特别需要持之以恒、善始善终。大凡获得成功的人，都是多年如一日、专心致志、坚忍不拔的人。

伟大作家列夫·托尔斯泰的代表作之一《战争与和平》，长达120万字，曾经七易其稿；另一部长篇小说《复活》，前后写了十年才定稿。然而，他在青年时期曾一度沉湎于奢华和挥霍，荒废了学业，还留过级。后来，他决心同自己软弱的意志做斗争，为自己制订了《发展意志守则》，"使肉体的需要完全接受意志的鼓励"，他强迫自己完成每天该完成的工作，坚持每天记日记，并重读以前的日记，用来进行自我监督，终于锻炼出坚强的意志力。

古语说："绳锯木断，水滴石穿。"说的就是这个道理。

第三，要有明确的目标和计划。

人们常说："不达目的，决不罢休。"这说明人的意志总与一定的目标和计划联系在一起。如果没有达到所渴望的结果，人的意志行动就不会停止。大家所熟知的"愚公移山"的故事，说的就是这个道理。老愚公目标专一，一心一意要把门前的两座大山搬掉。为了搬掉大山，他甘愿付出自己的毕生精力，他动员全家老少，齐心协力一起干，终于实现了自己的目标。

所以，我们磨砺意志，要有高尚的生活目标，做一个高尚的人。在确定目标之后，为了实现既定目标，就需要制定切实可行的行动计划。计划有远期与近期之分。近期计划经过努力在较短时间里能得到实现，远期计划的实现则需要付出长期的努力。无论是近期计划还是远期计划的实现，都需要有意志和毅力。明确的目标和严格地执行计划，是培养意志品质的好方法。

第四，做有意义的事。

在生活中，许多有意义的事情，并不令人感兴趣。对于社会、集体和自己进步有意义的事情，即使缺乏兴趣，也不要回避，而应该强迫自己积极地去做好，因为这恰恰是考验和锻炼意志的好机会。有许多事情，往往要在做了之后，尝到了成功的滋味，才能体会到它的意义，才会产生兴趣。

国际刑警总局中国分局的局长原是一名文学学士，在大学里主修的是英国文学和俄罗斯诗歌，而且希望将来能成为诗人。但是由于工作的需要，大学毕业后被分配到公安系统工作。虽然这份工作与他的理想相去甚远，但他觉得做警察更是一件对人类有意义的事情，于是苦练警察的基本功，终于成了一名让罪犯闻风丧胆的刑警。在他的带领下，国际刑警中国分局多次出色地协助总局破获多起大案要案，为国家争得了荣誉。

可见，给自己打造一个顽强的意志力并不是一件十分困难的事情，只要你能按照上面的方法坚持去做，就不难实现你想要获得的成功。

7．避免"羚羊的思维"

一次，考克斯和约翰一起进行了一次凌晨穿越赛伦吉提大平原的飞行。景色非常优美，他们能看见大象、狮子和大群羚羊席卷穿过整个平原。

"羚羊的数量这么大，真是一件好事啊！"他们的非洲导游注意到他们正盯着那一大群羚羊时沉吟道，"否则，这个物种很快就会灭绝。"

考克斯问他为什么这么说，他笑了，然后指着一头停止奔跑的羚羊说："你将会注意到那头羚羊跑不了多远了。它们停下来不是因为意识到有什么重要的事情需要思考，也不是因为它们累了，是因为它们太愚蠢以至于忘记了当初它们为什么要奔跑。它们发现了天敌，本能地逃开，开始向相反的方向跑。但是它们忘记了是什么促使它们奔跑，甚至有时候是在最不适当的时候停下来。我曾经看见它们就停在天敌旁边，有时甚至向某个天敌走过去，似乎它们已经忘记了这是否就是同一种在几分钟以前让自己惊慌失措的动物。它们就差冲上去说：嘿！狮子先生，你饿了吗？在找午餐吗？如果不是有一大群羚羊的话，我想这整个种群将在几个星期之内被消灭干净。"

生活中许多人是习惯性"羚羊思维"的牺牲品。通常，问题并不是在他们朝目标努力的过程中犯错，而是他们没有坚持继续向目标努力。

90/10 原理
Ninety/Ten Principle

　　生活中有许多人有规律的举动都会让我们想起那些羚羊。他们也许已经有了一个很不错的主意，于是为自己设立了一个目标，但是他们为这个目标仅仅努力了一天或者半天，他们发现还未到达这个目标，然后他们就会对自己说："嗯，这太难了。这比我想象的难多了。"接着他们就会永远停在那里一动不动。生活中的你是不是也曾有过类似的经历呢？所以，为了避免我们再次犯下这种"羚羊思维"的错误，如果不想半途而废的话，就必须要学会确定一个目标，然后坚持不懈地朝它努力，惟有如此，才可能有机会取得成功。我们不妨来看一个我国古代关于持之以恒、面对困难不放弃理想，而最终取得成功的故事。

　　大家都知道王献之是王羲之的第七个儿子，自幼聪明好学，在书法上专工草书隶书，也善画画儿。他在七八岁时开始学习书法，师承父亲。

　　一天，小献之问母亲郗氏："我只要再写上三年就行了吧？"妈妈摇摇头。"五年总行了吧？"妈妈又摇摇头。

　　献之急了，冲着妈妈说："那您说究竟要多长时间？""你要记住，写完院里这18缸水，你的字才会有筋有骨、有血有肉，才会站得直立得稳。"献之一回头，原来父亲站在了他的背后。王献之心中不服，啥都没说，一咬牙又练了5年，把一大堆写好的字给父亲看，希望听到几句表扬的话。谁知，王羲之一张张掀过，一个劲地摇头。掀到一个"大"字，父亲现出了较满意的表情，随手在"大"字下填了一个点，然后把字稿全部退还给献之。

　　小献之心中仍然不服，又将全部习字抱给母亲看，并说："我又练了5年，并且是完全按照父亲的字样练的。您仔细看看，我和父亲的字还有什么不同？"母亲果然认真地看了3天，最后指着王羲之在"大"字下加的那个点儿，叹了口气说："吾儿磨尽三缸水，惟有一点似羲之。"

　　献之听后泄气了，有气无力地说："难啊！这样下去，啥时候才能有好结果呢？"母亲见状，忙鼓励他说："孩子，只要功夫深，就没有过不去的河、翻不过的山。你只要像这几年一样坚持不懈地练下去，就一定会达到目的的！"献之听完后深受感动，又锲而不舍地练下去。功夫不负有心人，献之练字用尽了18大缸水，在书法上突飞猛进。后来，王献之的字也到了力透纸背、炉火纯青的程度，他的字和王羲之的字并列，被人们称为"二王"。

如果献之中途放弃，那么也就不会有后来的卓越成就了。所以，为了达到目的，就必须要有持之以恒的精神，不可一遇到困难就泄气、退缩，只有坚持不懈地努力，避免"羚羊的思维"，不对眼前的困难望而却步或徘徊不前，才能最终取得成功。

8. 信念的力量

奥格·曼狄诺说："只要改变自己的信念，就能改变自己的生活。"

有这样一个故事：一位老教授带领科考队在原始森林中考察时迷失了方向，经过多次努力都没有逃离出来，无论他们如何改变方向行走，最终他们都还是回到了同一个地方。更糟糕是，老教授的心脏病突然发作，危在旦夕。队员们不仅疲惫不堪，绝望的情绪也越来越浓。大家都很清楚，倘若连一丝希望的转机都不再出现，死亡很快就将成为这支队伍的归宿。

就在人们惊惶失措，对自己失去信心时，奄奄一息的教授指着身边的小皮箱有气无力地对大家说："这是我一生的心血，我把它视为比我生命还重要的珍宝！你们一定要把它带出去。记住，把它交给咱们的领导后才能打开！"

第4章：学会坚强，做个勇敢的角斗士

老教授讲到这里，眼睛里充满希望期待，直到他身边的队员们点头默许之后，他才慢慢地闭上了眼睛。

科考队员在掩埋了老教授之后，背负着老教授最后下达的使命，他们再次开始了生命的探索之旅，最后，队员们历尽千辛万苦，终于从原始森林中走了出来。当他们回到自己的驻地，把小皮箱交给领导时，他们都怀着好奇的心想看一看小皮箱里装着的是什么。

小皮箱终于被打开了，让所有人都感到出乎意料的是，呈现在大家面前的是一块普通的石头。大家都疑惑地面面相觑，继而恍然大悟：老教授用心良苦，用一块普通的石头，为他们建立起了一个求生的信念。

其实信念就是一种意志，一种面对生命时的态度，只要你坚定信念，相信命运总会出现转机，不被绝望的情绪所控制，不对眼前的困境惊慌失措，对自己充满信心，奇迹就会在你的身上发生。

同样，一件发生在美国内战期间的奇特故事，也说明了这一点。

基督教信仰疗法的创始人玛丽·贝克·艾迪，曾经认为生命中只有疾病、愁苦和不幸。她的前任丈夫在婚后不久就去世了，第二任丈夫又抛弃了她。她只有一个儿子，却由于贫病交加，不得不在他4岁那年就把他送走了。她不知道儿子的下落，以后有31年之久，都没有再见到他。

因为自己的健康情况不好，她一直对所谓的"信心治疗法"极感兴趣。可是她生命中戏剧性的转折点，却发生在麻省的理安市。一个很冷的日子，她在城里走路时突然摔倒在结冰的路面上，而且昏了过去。她的脊椎受到了伤害，她不停地抽搐，医生甚至认为她活不长了。医生还说，即使奇迹出现而使她活命的话，她也绝对无法再行走了。

躺在一张看来像是送终的床上，玛丽·贝克·艾迪打开《圣经》。她后来说，她读到马太福音里的句子：有人用担架抬着一个瘫子到耶稣跟前，耶稣对瘫子说，放心吧，你的罪赦了……起来，拿你的褥子回家去吧。那人就站起来，回家去了。

她后来说，耶稣的这几句话使她产生了一种力量、一种信仰、一种能够医治她的力量，使她"立刻下了床，开始行走"。

"这种经验，"艾迪太太说，"就像引发牛顿灵感的那枚苹果一样，使我发现自己怎样地好了起来，以及怎样地也能使别人做到这一点……我可以很有信心地说：一切的原因就在你的思想，而一切的影响力都是心理现象。"

从这个故事中我们看到了：信念有时就是一种信仰，疾病、痛苦和不幸其实并不可怕，只要你能做好心理准备，坚定自己的信念，不逃避、不退却，用一颗勇敢的心去面对生活中发生的一切，你就会改变命运，甚至创造奇迹！

9．不言放弃，是生命永远美丽的主题

在一片水洼里，一只面目狰狞的水鸟正在吞噬一只青蛙。青蛙的头部和大半个身体都被水鸟吞进了嘴里，只剩下一双无力乱蹬的腿，可是出人意料的是，青蛙却将前爪从水鸟的嘴里挣脱出来，猛然间死死地箍住水鸟细长的脖子……

这虽然只是一只青蛙垂死的挣扎，却让我们看到了它面临死亡永不言弃的决心。其实，人生又何尝不是这样呢？无论你遇到什么事情，即使是面对死亡，只要你能坚持不放弃，总是会出现一线生机的。

不言放弃，其实就是一个人对生活的态度，是一个人对生活的深刻理解。当一个人行走于生命之中，面对着生活中突如其来的各种困境时，是否也可以做到不言放弃呢！记得上学的时候，老师给我们讲过一个这样的故事：

第4章：学会坚强，做个勇敢的角斗士

90/10 原理
Ninety/Ten Principle

　　在一个自行车拍卖会上，每辆自行车都被一个小男孩儿以五法郎第一个喊价，却从不加价。拍卖师忍不住停下来问他，小男孩儿说，他仅仅只有五法郎。拍卖会如常进行，小男孩儿总是第一个报价，但很快就以高于五法郎的价被别人买走。这样到了最后一辆车的时候，大家都似乎有些紧张起来，这一辆比任何一辆都好。这时，小男孩儿更是以急切的声音报价五法郎，这次，再也没有人加价，问过几遍，拍卖师一槌定音，小男孩儿激动地用已捏出汗的钱换来这辆车。

　　作为生活窘迫只有五法郎的小男孩儿来说，他要想得到自行车，唯一的办法就是坚持不放弃，正是他这种坚持和执著的精神打动了大家，才使他最终得到了自己想要的东西。

　　其实，生活中的我们也是一样，只要你能在失败之后，依然坚持，对结果充满希望，不论多晚，成功都可能在你努力之后出现。而一旦放弃了或是畏惧了，那么连一丁点胜利的机会都没有了。

　　我们每个人都是哭着来到这个世界的，这仿佛注定了在今后的生活道路上将遭遇各种困难和挫折。如果你一味追求顺境，就会失去战胜困难的勇气和力量。巴尔扎克曾说过："苦难对于天才是一块垫脚石，对能干的人是一笔财富，对弱者是一个万丈深渊。"

　　在都灵冬奥会花样滑冰双人滑比赛中夺得银牌的中国年轻组合张丹、张昊，就是不畏惧苦难而实现自己的人生价值的。虽然他们本次冬奥会上未能获得冠军，却用顽强的意志力和坚持不懈的精神打动了全世界。两人在接受采访的时候对于当时受伤的那一幕还历历在目，他们对于未来充满了信心，下一次奥运会他们的目标就是金牌。

　　当被问到当时的情况具体如何时，张昊表示："当时我看着她已经忘记了所有的动作，只想着扶起她。我问她能不能继续，她没有回答。大概过了一分多钟，她表示能重返赛场，于是我们重新回到了冰面。"

　　问到张丹当时的伤势情况时，张丹坚定地表示："一直觉得自己能够坚持下去，于是挺住完成了最后的比赛。其实重新比赛的时候已经感觉不到疼痛了，只是在赛场上充分发挥自己的水平。"两人正是靠着这种顽强的意志、必胜的信心和不言放弃的精神，才取得了最后的胜利。

竞赛场上是如此，我们的学习、工作又何尝不是这样？德国著名作曲家贝多芬，正当他步入音乐圣殿的时候，由于感冒、黄热病相继发作，因而耳朵失聪，面临灾难，他不言放弃，他的《第九交响乐》就是在几乎完全失聪的情况下创作的；从小爱好实验的爱迪生，虽然耳聋，但不言放弃，继续他那一项项的发明：电报机、电灯、电影、蓄电池等千余种，成了有名的"发明大王"；巴雷尼小时候因病成了残疾，但他经受住了命运给他的严酷打击，不言放弃，以全部精力致力于耳科神经学的研究，最终登上了诺贝尔生理学和医学奖的领奖台……这样的例子不胜枚举，他们都是值得我们学习的典范。

我们的内心，都有一盏不灭的心灯，只要还有希望，只要一息尚存，还有什么理由放弃努力、放弃梦想呢？不言放弃，是生命中永远美丽的主题。

第4章：学会坚强，做个勇敢的角斗士

第5章

改变人生，做自己命运的掌舵手

　　人的命运，不是由天注定，而是掌握在我们自己的手中，我们的行为决定了我们的生活方式。人的一生犹如航行在大海的船舶，总是在波涛中流离颠簸，时而波峰时而波谷，但无论怎样，只要你对生活充满信心，执著追求，努力实践，把好自己生命的舵，迎风扬帆，就会享受到主宰命运的快乐！

1. 命运掌握在自己手里

曾经有两个饥饿的人得到了一位长者的恩赐：一根鱼竿和一篓鲜活硕大的鱼。其中，一个人要了一篓鱼，另一个人要了一根鱼竿，于是他们分道扬镳了。得到鱼的人原地就用干柴搭起篝火煮起了鱼，他狼吞虎咽，还没有品出鲜鱼的肉香，转瞬间，连鱼带汤就被他吃了个精光，不久，他便饿死在空空的鱼篓旁。另一个人则提着鱼竿继续忍饥挨饿，一步步艰难地向海边走去，可当他已经看到不远处那片蔚蓝色的海洋时，他浑身的最后一点力气也使完了，他也只能眼巴巴地带着无尽的遗憾撒手人间。

又有两个饥饿的人，他们同样得到了长者恩赐的一根鱼竿和一篓鱼。只是他们并没有各奔东西，而是商定共同去找寻大海，他俩每次只煮一条鱼，他们经过遥远的跋涉，来到了海边，从此，两人开始了捕鱼为生的日子，几年后，他们盖起了房子，有了各自的家庭、子女，有了自己建造的渔船，过上了幸福安康的生活。

故事中长者给予他们的东西都是一样的，一根鱼竿和一篓鲜活硕大的鱼。之所以最后结果不同，就在于他们掌握了自己的命运，最终改写了不一样的人生。生活中也是如此，如果我们想要取得成功，实现自己的理想，就必须能够不受外界因素的影响，做自己命运的主宰者。安全设备推销员唐恩就是这样一个能够掌握自己命运的人。

唐恩说："我的父母本来盼望我进入较稳定的行业——比如银行业，但是我天生喜欢和人接触，喜欢地位、旅行、挑战。压力和新奇可以使我精神旺盛；单调重复的工作却使我厌倦、退化、增胖以及精神郁闷。所以我在大学毕业后，便决定谋求一个能让人不断活动，印象深刻，具有压力，又富于社交性和国际性的角色。我觉得，销售工作应是我最好的选择，而推销防御设备能满足我所想要的声望、报酬和旅行机会。坦白地说，我是实行家，而且盼望最高的地位，所以我在大学时代就参加了一个兼差——'防卫队'，并且研读销售技巧；同时，我致力使自己个性更温和，更容易让人接纳、容易相处，然后开始四处寻觅，最后终于在国防工业内找到了一个立足点。"

唐恩的例子很令人钦羡。首先，他设法找出自己的爱好，然后去找适合自己的特殊环境；接着，他运用全部的计谋和机智，寻求一个门路进入他选定的工作环境。唐恩的清晰头脑和坚定毅力，实在令人印象深刻，而且他一开始就必须面临着违逆父母意志的困难。如今，他在一家大公司负责许多保全合同，觉得"非常满意"；但是他也如此表示："日后我可能会想再寻找新的挑战。"

唐恩的经历，无异是对所谓的"成功"给予了一个很好的诠释，那就是他所追寻的，是一个可以应用自身的才能、可以给予自己刺激和报偿的工作。唐恩的成功，就是全凭自己的决定寻找机会，排除外界干扰去寻求目标，最终掌握了自己的命运，实现人生理想的。

第5章：改变人生，做自己命运的掌舵手

2. 你的成功你决定

有些人总喜欢说，他们现在的失败是周围的环境造成的。环境决定了他们的人生位置。这些人常说他们的环境无法改变。但是，我们的成功并不是靠周围环境获得的，也不是由他人来控制的。说到底，能否取得成功，是由我们自己决定的。曾经在一本书上看过这样一个故事：

早晨上班的路上，人们通常会遇到3个卖报的年轻人。他们每一个人都有一套属于自己的卖报策略。但其中一人总能最先卖完报纸。事实上，另外两人所处的位置比他优越很多。他的成功与他选择的位置毫无关系。

第一个卖报人，总是站在丁字路口，他永远是一副愁眉苦脸的样子。当乘车人招手索要报纸时，他缓慢地走过去，当顾客刚看清他那招牌式的苦瓜脸时，他已经生硬地将报纸塞进了车窗。如果赶上雨天，则很难觅到他的踪影。一般情况下，雨天买不到他的报纸。

第二个卖报人，站在十字路口，红绿灯带给他不少便利。一旦乘车的人被红灯所阻，他就前前后后地在停下的车队旁奔跑着，大声叫喊着他所卖报纸的名字。有时，人们想从他那里买一份报纸，但都未能如愿，因为他总是忙于奔跑，很难锁定他的位置。

第三个卖报人，则总是固定地站在繁华街道的中央。双腿略微分开，以保持他的站姿。他的手中拿着几份报纸放在胸前，以使司机和乘客从他身边驶过的时候，能够瞥一眼大字标题。他从来不随着车辆走动，他总是等着他的顾客驶向他的身边。他用使人愉快的"早上好"问候每一个从他身边过去的人，当有人慢下来打算购买报纸时，他的脸上绽放出灿烂的笑容。他友好的态度给人们留下了深刻印象。当买了报纸的人驾车离开时，他总是在后面大声说道："谢谢你！祝你有快乐的一天！明天见！"他总是设法在卖出报纸的几秒钟内，把这些话语说得清清楚楚，又悦耳动听。

没错，第三个卖报人就是在几个卖报人中最成功的那个。并不是因为他选择了好位置，不是环境成就了他，而是他对待工作的态度和他对生活的思维方式造就了他的成功。

纳粹德国某集中营的一位幸存者维克托·弗兰克说过："在任何特定的环境中，人们还有一种最后的自由，就是选择自己的态度。"

马尔比·D·巴布科克说："最常见同时也代价最高昂的一个错误，是认为成功有赖于某种天才、某种魔力、某些我们不具备的东西。"

其实，一个人能飞多高，并非由人的其他因素决定，而是由自己的态度所制约。其实成功的要素就掌握在我们自己的手中。你的成功你决定。

第5章：改变人生，做自己命运的掌舵手

3．失败永远在你的背面

祖父用纸做了一条长龙。长龙腹腔的空隙仅仅只能容纳几只蝗虫，投放进去，它们都死在了里面，无一幸免！祖父说："蝗虫性子太躁，除了挣扎，它们没想过用嘴巴去咬破长龙，也不知道一直向前可以从另一端爬出来。因而，尽管它有铁钳般的嘴壳和锯齿一般的大腿，也无济于事。"当祖父把几只同样大小的青虫从龙头放进去，然后关上龙头，奇迹出现了：仅仅几分钟，小青虫们就一一地从龙尾爬了出来。

其实，命运一直藏匿在我们的思想里。许多人走不出人生各个不同阶段或大或小的失败阴影，并非因为他们天生的个人条件比别人差多少，而是因为他们没有想要把纸龙咬破，也没有耐心慢慢地找准一个方向，一步步地向前，直到眼前出现新的洞天。

有一个年轻人，从很小的时候起，他就有一个梦想，希望自己能够成为一名出色的赛车手。他在军队服役的时候，曾开过卡车，这对他熟练驾驶技术起到了很大的帮助作用。

退役之后，他选择到一家农场里开车。在工作之余，他仍坚持参加一支业余赛车队的技能练习。只要有机会碰到车赛，他都会想尽一切办法参加。因为得不到好的名次，所以他在赛车上的收入几乎为零，这也使得他欠下一笔数目不小的债务。

那一年，他参加了威斯康星州的赛车比赛。当赛程进行到一半多的时候，他的赛车位列第三，他很有希望在这次比赛中获得好的名次。

忽然，他前面那两辆赛车发生了相撞事故，他迅速地转动赛车的方向盘，试图避开他们，但终究因为车速太快未能成功。结果，他撞到车道旁的墙壁上，赛车在燃烧中停了下来。当他被救出来时，手已经被烧伤，鼻子也不见了，体表伤面积达40％。医生给他做了7个小时的手术之后，才使他从死神的手中摆脱出来。

经历过这次事故，尽管他的命保住了，可他的手萎缩得像鸡爪一样。医生告诉他说："以后，你再也不能开车了。"

然而，他并没有因为这次重大失败而灰心绝望。为了实现那个久远的梦想，他决心再一次为成功付出代价。他接受了一系列植皮手术，为了恢复手指的灵活性，他天天都不停地练习用残余部分去抓木条，有时疼得浑身大汗淋漓，而他仍然坚持着。他始终坚信自己的能力。在做完最后一次手术之后，他回到了农场，用开推土机的办法使自己的手掌重新磨出老茧，并继续练习赛车。

仅仅是在9个月之后，他又重返了赛场！他首先参加了一场公益性的赛车比赛，但没有获胜，因为他的车在中途意外地熄了火。不过，在随后的一次全程200英里的汽车比赛中，他取得了第二名的成绩。

又过了两个月，仍是在上次发生事故的那个赛场上，他满怀信心地驾车驶入赛场。经过一番激烈的角逐，他最终赢得了250英里比赛的冠军。

他，就是美国颇具传奇色彩的伟大赛车手——吉米·哈里波斯。当吉米第一次以冠军的姿态面对热情而疯狂的观众时，他流下了激动的眼泪。一些记者纷纷将他围住，并向他提出一个相同的问题："你在遭受那次沉重的打击之后，是什么力量使你重新振作起来的呢？"

此时，吉米手中拿着一张此次比赛的招贴图片，上面是一辆赛车迎着朝阳飞驰。他没有回答，只是微笑着用黑色的水笔在图片的背后写上一句凝重的话：把失败写在背面，我相信自己一定能成功！其实，人生最大的挑战就是自己，只要我们能不畏惧过去的种种失败，不在失败的阴影里让自己灰心绝望，坚持梦想，坚信自己的能力不懈努力，失败就永远都会在你的背面。

4．让自己无路可退

在非洲草原上，常常有这样一幅令人吃惊的画面：当一只幼羚羊刚刚能够飞奔时，在猎豹和猛狮的紧紧追捕下，那些成年羚羊往往引领着小羚羊们箭似的奔出平坦的开阔地，然后引领着幼羚羊们奔向险峻的山岭。

动物学家们惊讶地发现，羚羊们逃命的山岭往往是附近最陡峭、悬崖最多的山岭，尤其是那些陡峭的山崖，那里往往是羚羊们的逃生首选之地。每当猎豹和雄狮气势汹汹地追来时，带队的羚羊会在一瞬间一跃而起，它果断地引领着羚羊们的浩荡队伍，避开重重拦截，向距离最近的山峰奔去。其实，一只成年的壮羚羊如果在草原上飞奔起来，那些快如闪电的猎豹和雄狮也是很难追上它的，它矫健地在草原上左右盘旋，就是跑得最快的猎豹也常常对它望尘莫及。

那么，羚羊们为什么在生命攸关的时候却要给自己选择一片悬崖呢？当一只幼羚羊刚刚学会在大草原上飞跑时，由于奔跑的动力不大，它的腹肌并没有被最大化地拉开，所以，即使它撒开四蹄拼命奔跑，奔跑的步幅也不过是三公尺左右。但当一只幼羚羊在猎豹和雄狮的疯狂追逐下，被成年羚羊引领上峰顶，前无生路面对悬崖时，在后边猎豹和雄狮的一步步虎视眈眈逼近下，在成年羚羊悲壮地舍命一跃中，那些幼羚羊也都会悲壮地攒下自己所有的力量，像一张彻底拉满的弓，然后毁灭性地拼命一跃，让自己从悬崖上箭一样地射出去。幸运的羚羊，它们会跃过深渊，跳到对面的山坡或峰顶上，就是那些不幸的羚羊，它们也是跃落到渊底或跃落到悬崖断壁上，由于它们的身体柔韧和矫健，它们不会遭到多大的损伤。而那些把羚羊们逼上悬崖的猎豹和雄狮，基于自己的身躯太过庞大和沉重，面对那些奋身一跃的羚羊，往往束手无策，空手而归。

最大的不同是，经过跃崖的幼羚羊们，在刚刚跃崖后，它们的腹肌都有程度不同的拉伤，但拉伤很快恢复后，它们飞奔的步幅明显已经增长了，差不多可以达到近四公尺，这样的步幅在草原上飞奔起来，雄狮和猎豹们往往也是望尘莫及的。

动物学家终于明白羚羊们给自己一片悬崖的目的了：只有把自己置于悬崖之上，让自己无路可退，才能使自己的内在力量发挥到极限，绝地往往可让人重生，绝境才会给生命创造出神话和奇迹。

一位中国留学生刚到澳大利亚的时候，为了寻找一份能够餬口的工作，他骑着一辆旧自行车沿着环澳公路走了数日，替人放羊、割草、收庄稼、洗碗……只要给一口饭吃，他就会暂且停下疲惫的脚步。

一天，在唐人街一家餐馆打工的他，看见报纸上刊出了北京一家公司的招聘启事。留学生担心自己英语不地道，专业不对口，他就选择了线路监控员的职位去应聘。过五关斩六将，眼看他就要得到那年薪三万五的职位了，不想招聘主管却出人意料地问他："你有车吗？你会开车吗？我们这份工作时常外出，没有车寸步难行。"

澳大利亚公民普遍拥有私家车，无车者寥若晨星，可这位留学生初来乍到还属无车族。为了争取这个极具诱惑力的工作，他不假思索地回答："有！会！"

"4天后，开着你的车来上班。"主管说。

4天之内要买车、学车谈何容易，但为了生存，留学生豁出去了。他在朋友那里借了500澳元，从旧车市场买了一辆外表丑陋的"甲壳虫"。第一天他跟朋友学简单的驾驶技术；第二天在朋友屋后的那块大草坪上模拟练习；第三天歪歪斜斜地开着车上了公路；第四天他居然驾车去公司报了到。时至今日，他已是这家公司的业务主管了。

这位留学生的专业水平如何我无从知道，但我确实佩服他的胆识。如果他当初畏首畏尾地不敢向自己挑战，决不会有今天的辉煌。那一刻，他毅然决然地斩断了自己的退路，让自己置身于命运的悬崖绝壁之上。正是面临这种后无退路的境地，人才会集中精力奋勇向前，从生活中争得属于自己的位置。给自己一片没有退路的悬崖，从某种意义上说，就是给自己一个向生命高地冲锋的机会。

5．做个有主见的人

《伊索寓言》中有这样一则故事：

从前，有一对父子，一天赶着一头驴子驮着货物去赶集。赶完集回来，儿子骑在驴上，老头儿跟在后面，路人见了，都说这娃娃不懂事，怎么能让老人步行。儿子听了赶忙下来，让老头儿骑上，于是有人又说，老头儿骑驴，怎么忍心让娃娃走路。老头儿听了，又把儿子抱上来一同骑。接着又有人说，两人骑一头小毛驴太残酷了。父子俩听了都下来，可是又有人笑他们是傻子，有驴不骑却走路。老头听了，对儿子叹息道："没法子了，看来我们只剩下一条路了，两个人抬着驴子走吧！"

故事中的父子俩因为没有主见，完全按照别人的意见去行事，结果弄出了大笑话。其实，人的一生中也会面临无数次的选择，在生活中我们也常常会碰到这样的情况：你父亲希望你像他一样当个医生；你爷爷希望你能接管他的公司；而你的老师又认为你最适合从事文学创作。每当这个时候，你该怎么办？他们每个人都无恶意，都出于好心，但是他们谁也不管你想些什么、追求什么，他们只认为他们各自提出的主意是最好的。当然，每个人都需要从他人那里接受忠告，得到支持和鼓励，但只能将这种接受当作有益于更好地发展自己的途径，而决不能将自己完全托付给别人，因为你能胜任什么事情别人无法知晓，只有你自己最清楚。在现实生活中放弃自己的权利，让别人的意志来决定自己生活的人实在不少。他们把自己上学、择业、婚姻……统统托付或者交给他人，失去了自我追求、自我信仰，也失去了自由，最后变成了故事中的那个老头和儿子，成为毫无主见的人。

一个人完全按照别人的意见去行事，失去了自己的主见，就犹如被缚住双翼的飞鸟，即使有飞翔的愿望，也不能自由自在地去施展才能。我们从那些卓越的成功者的早期经历中发现：一个人学会由自己去计划自己的人生，这是一条不可忽视的成功之路。他们不少人曾经在事业选择上受过父母、老师或同事朋友的非难与劝阻，而这些被非难与劝阻的事业，恰好是他们后来最终获得极大成功的那个事业。

爱因斯坦在大学读书时，一位叫佩尔内的教授曾严肃地告诉他说："你在工作中不乏有热情和善意，但是你缺乏成为物理学家的能力。你为什么不去学习法律、哲学或医学，而要学习物理呢？"这位教授认为爱因斯坦只能做按部就班的工作，只擅于记忆和逻辑，而缺乏物理学家的创造精神。爱因斯坦没有被这位教授的"劝导"所动，他自己有一种坚定的信念和对自己能力的充分估价。在后来的物理学研究中，爱因斯坦果然表现出惊人的创造能力。我们试想，如果爱因斯坦听从了教授的劝导，虚心接受，谨慎行事，那么，他的历史将会是另一种写法，世界上也会少了一位伟大的科学家。

杰出的成功者，都具有一种这样的品质，那就是不管别人说些什么，也不管别人怎么阻挠，只要认准了自己的目标，就勇往直前，义无反顾。

亚伯拉罕·林肯是美国第16任总统，他的一生充满了艰辛和坎坷，却能始终坚持着自己的梦想。他出身贫寒，9岁时母亲去世，15岁才开始读书；24岁时他与人合伙做生意，却经营不善而倒闭，并因此负了15年的债；35岁时开始竞选公职，几乎输掉了每次的重大竞选。但林肯始终没有放弃，他也没有说："要是失败会怎样？"1846年，他又一次参加竞选国会议员，终于在他52岁时成功当选了美国总统。

如果林肯在失败之始就受到别人言语的阻挠，承受不住外界压力，对自己失去信心，那么就不可能有他后来的成功当选。

一个人想要实现理想，想要取得事业的成功，就必须做个有主见的人，勇往直前，不要让别人的思想和言语左右了你；如果你对未来没有计划，你就会成为别人计划里的一枚棋子，到你人生一定的时候，你就会悔恨自己，也会埋怨别人。与其如此，不如从现在就开始学会由自己支配自己的事情，学会由自己安排自己的生活，学会做个有主见的人。

6. 相信自己、肯定自己

一天，一个农夫在山上打柴，意外地发现了一些老鹰蛋，于是捡了一只，拿回家去放在自家的母鸡窝里，和孵小鸡的鸡蛋放在一起。

没几天，老鹰蛋就孵出了幼鹰。这只幼鹰的举止行为都跟鸡一样，咯咯地叫，有时拍拍翅膀像鸡一样只能飞腾几下子。

有一天，幼鹰抬头仰望天空，看见一只它从来没有见过的老鹰在云中钻进钻出，它问鸡妈妈："那是什么鸟？"

鸡妈妈说："那是老鹰，是最勇敢的鸟。"

幼鹰羡慕地说："我希望跟它一样也能在天上飞。"鸡妈妈说："别做梦了，我们是鸡，跟它不一样。"

幼鹰听了鸡妈妈的话，就放弃了自己的希望，一直到死都只以为自己是一只不能飞翔的鸡。

看不起自己的人，永远也实现不了自己的梦想。就像故事中的鹰，明明可以展翅飞翔，却因为别人的一句话而贬低了自己，不相信自己。结果永远也实现不了飞上天空的梦想，最终只能成为一生的遗憾。

古希腊的大哲学家苏格拉底在临终前也有一个不小的遗憾——他多年的得力助手，居然在半年多的时间里没能给他寻找到一个最优秀的闭门弟子。

事情是这样的：苏格拉底在风烛残年之际，知道自己时日不多了，就想考验和点化一下他的那位平时看来很不错的助手。他把助手叫到床前说："我的蜡所剩不多了，得找另一根蜡接着点下去，你明白我的意思吗？"

"明白，"那位助手赶忙说，"您的思想光辉是得很好地传承下去……"

"可是，"苏格拉底慢悠悠地说，"我需要一位最优秀的传承者，他不但要有相当的智慧，还必须有充分的信心和非凡的勇气……这样的人选直到目前我还未见到，你帮我寻找和发掘一位好吗？"

"好的，好的，"助手很温顺很尊重地说，"我一定竭尽全力地去寻找，以不辜负您的栽培和信任。"

苏格拉底笑了笑，没再说什么。

那位忠诚而勤奋的助手，不辞辛劳地通过各种渠道开始四处寻找。可他领来一位又一位，总被苏格拉底一一婉言谢绝了。有一次，当那位助手再次无功而返地回到苏格拉底病床前时，病入膏肓的苏格拉底硬撑着坐起来，抚着那位助手的肩膀说："真是辛苦你了，不过，你找来的那些人，其实还不如你……"

"我一定加倍努力，"助手言辞恳切地说，"找遍城乡各地，找遍五湖四海，我也要把最优秀的人选挖掘出来，举荐给您。"

苏格拉底笑笑，不再说话。

半年之后，苏格拉底眼看就要告别人世，最优秀的人选还是没有眉目。助手非常惭愧，泪流满面地坐在病床边，语气沉重地说："我真对不起您，令您失望了！"

"失望的是我，对不起的却是你自己，"苏格拉底说到这里，很失意地闭上眼睛，停顿了许久，才又不无哀怨地说："本来，最优秀的就是你自己，只是你不敢相信自己，才把自己给忽略、给耽误、给丢失了……其实，每个人都是最优秀的，差别就在于如何认识自己，如何发掘和重用自己……"话没说完，一代哲人就永远离开了他曾经深切关注着的这个世界。

那位助手非常后悔，甚至后悔、自责了整个后半生。

为了不重蹈那位助手的覆辙，每个向往成功、不甘沉沦者，都应该牢记先哲的这句至理名言："最优秀的就是你自己！"

诚如成功学家拿破仑·希尔说：相信自己或肯定自己，其本质正是对自我成功的一种最直接的暗示。如果一个奋斗者不断地告诉自己："我是最优秀的，我一定会成功！"那么他就会像得到神助一般，必将取得成功。能常常肯定自己的人，实质上正是他敢于向命运宣告："我是不可战胜的！"这种对自我的肯定，正是一颗深深地植根于自己灵魂中的种子，最后一定会在现实生活中结出无数颗能展示生命之美的果实。

7．走自己认为对的路

当你走在一条陌生的道路上，你要走你认为对的路，因为路是由自己选择的，只有走下去才知道正确不正确。

在从前有三个兄弟由农村到城里去创立自己的事业，老大乃怨天老A，老二怨地大B，老三无悔小C。

他们结伴而行，一路上风餐露宿，幕天席地，遭遇漠漠尘沙，翻过七座高山，涉过二十一条大河，终于来到了一座繁华热闹的集镇。这里有三条大路，其中只有一条能够通往城市，但谁也说不清究竟哪条才是。

老A说："咱老爷子一辈子教我的只有一句'听天由命'，我就闭上眼睛选一条，碰碰运气好了。"他随便选了一条，走了。

大B说："谁叫咱们生在那个穷地方呢，我没读过书，计算不出走哪条路最有可能，我就走老A旁边的那条大路吧。"怨地拍拍屁股也走了。

剩下的是一条小路，小C也拿不定主意。他想了又想，决定还是先去镇子里问问长者。长者见了他，仍然是摇头："没人到过城市，因为它太远了。而且我们这里的生活过得也不错。不过，孩子，我可以把我祖父的话告诉你——走自己认为是对的路。"

小C记着长者的诚挚教诲，踏上了那条小路，追寻他的城市之梦。他经历的痛苦、艰难无与形容，但是，每一次挫折、每一回失败都没有打倒他。当他面临绝境时，总是对自己说，"走错的也是自己的路"，于是他挺过来了。在10年后的一天，他终于见到了朝思暮想的城市，凭着他杰出的韧劲与毅力，从一元钱的生意做起——擦皮鞋、拣垃圾、端盘子，后来他成为一家公司的普通职员、蓝领、白领，直到自己独立注册了一家公司。

30年后，小C老了，他把公司交给儿子打理，只身回乡寻找当年同行的兄弟。依然是那个贫穷的西部小村，依然是茅屋泥墙，怨天和怨地住在里面，依然过着日出而作日落而息的日子，三兄弟各自叙述了自己的故事。怨天沿着大路走了五个月，路越来越窄，野兽出没，一天黄昏他差点儿被狼吃掉，只好灰溜溜回来了。怨地选的那条路跟怨天并无区别，回来之后，他觉得一辈子不能抬头做人。无悔叹息地说："我走的路和你们的一模一样，惟一不同的是我选定了就绝不回头。"

其实，每条路都能通向城市，选自己认为是对的路，坚持走下去不要回头，就一定能够实现自己的愿望。

有一个女孩在她很小的时候就决心自己创业，想要拥有自己的公司，于是在各种各样的行业中，选择了卖茶。就是这样一个看似不起眼的行业，却成就了她一生的梦想。

1987年，她14岁，在湖南益阳的一个小镇卖茶，1毛钱一杯。因为她的茶杯比别人大一号，所以卖得最快，那时，她总是快乐地忙碌着。

1990年，她17岁，她把卖茶的摊点搬到了益阳市，并且改卖当地特有的"擂茶"。擂茶制作比较麻烦，但也卖得起价钱。那时，她的小生意总是忙忙碌碌。

1993年，她20岁，仍在坚持继续卖茶，不过卖的地点又变了，在省城长沙，摊点也变成了小店面。客人进门后，必能品尝到热乎乎的香茶，在尽情享用后，他们或多或少会掏钱再拎上一两袋茶叶。

1997年，她24岁了，长达十年的光阴，她始终在茶叶与茶水间滚打。这时，她已经拥有37家茶庄，遍布于长沙、西安、深圳、上海等地。福建安溪、浙江杭州的茶商们一提起她的名字，莫不竖起大拇指。

2003年，她30岁，她的最大梦想实现了。"在本来习惯于喝咖啡的国度里，也有洋溢着茶叶清香的茶庄出现，那就是我开的……"说这句话时她已经把茶庄开到了香港和新加坡。

女孩之所以能够在漫长的16年里，从一个街边茶贩做到跨国公司的大老板，拥有自己的企业和享誉海内外的盛名，就在于她长久以来的坚持。因为她能够在自己的人生之路上果敢地做出选择，认为是对的，并且坚持一路走过来，才得以最终成就了自己的梦想。

记得托马斯曾经说过这样一句话：每个人都有自己的路，而且每条路都是正确的，不幸的是人们往往不去走自己的路，而去重复别人的路。所以，走自己认为对的路，就会成就梦想，重复别人的路，那么就只能是成就别人的梦想了。

8. 穿越人生的绝境

智利北部有一个叫丘恩贡果的小村子，这里西临太平洋，北靠阿塔卡玛沙漠。非凡的地理环境，使太平洋冷湿气流与沙漠上的高温气流终年交融，形成了多雾的气候，可浓雾丝毫无益于这片干涸的土地，因为白天强烈的日晒会使浓雾很快蒸发殆尽。

一直以来，在这片被干旱统治的土地上，看不到绿色，没有一点儿生气。

加拿大一位名叫罗伯特的物理学家在进行环球考察时经过这片荒凉之地。他住进村子。不久，他发现一种奇异现象，这里除蜘蛛没有其他任何生物。这里处处蛛网密布。蜘蛛四处繁衍，生活得很好。为什么只有蜘蛛能在如此干旱的环境里生存下来呢？这引起了罗伯特极大的兴趣。借助电子显微镜，他发现这些蜘蛛具有很强的亲水性，极易吸收雾气中的水分。而这些水分，正是蜘蛛能在这里生生不息的源泉。

在智利政府的支持下，罗伯特研制出一种人造纤维网，选择当地雾气最浓的地段排成网阵，这样，穿行其间的雾气被反复拦截，形成大量水滴，这些水滴滴到网下的流槽里，经过过滤、净化，就成了新的水源。

如今，罗伯特的人造蜘蛛网平均每天可截水10580升，而在浓雾季节，每天可截水131000升，不仅满足了当地居民生活之需，而且还可以浇灌土地，让这片昔日满目荒凉、尘土飞扬的荒漠，长出了鲜花和青绿的蔬菜。

所以说，在这个世界上，从来都没有真正的绝境，看似干旱、荒芜、没有一点儿生气的小村庄，却可以成为那些有着顽强生命力的蜘蛛的乐土，是它们的善假于物，才让自己在绝境中获得了无限生机。因而，人生不管遇到什么样的艰苦环境，只要我们也能够持有一种良好的心态，凭借着我们的聪明才智和顽强的生命力，努力拼搏，就一定能够走出人生绝境，实现成功。

曾经有一个青年，大学毕业后只身来到一座陌生的城市打工。盘缠用尽了，举目无亲，房东又天天催讨房租。虽然有一家单位已经决定聘用他，但是，哪家单位愿意将工资预付给一个尚未开始工作的人呢。

一个星期天，青年拖着沉重的双腿来到了一家废品回收公司。看着那些成堆的纸片、饮料盒子……青年红着脸向老板问了那些废品的价格。

他找来一只破麻袋，毅然走上了大街开始拾荒。忍受着人们的白眼，经受着风雨的洗礼，他走过了城市的每一个角落，拾捡着废品，也积攒着对未来生活的渴望，积攒着在这个陌生城市继续生活下去的决心与力量。当他从废品店老板手里接过在这座城市掘到的"第一桶金"时，青年的眼眶潮湿了，他听到心中的呐喊："生存没有绝境，就看你肯不肯去做。"

是的，青年不怕遭受他人的白眼，放下大学生的架子，靠捡废品让自己在远方的城市站稳了脚跟。当我们有可能失去一切的时候，我们还有生命。当我们面临生活的困惑时，何不想想那些别人不愿做的事？

生活中其实没有真正的绝境，绝境在于我们的心没有打开。封闭的心，如同没有窗户的房间，会处在永恒的黑暗中。但实际上周围只是一层纸，一捅就破，外面则是一片光辉灿烂的天空，其实，就看我们愿不愿意去捅开。

绝境可以击垮甚至毁掉一个人，包括他的梦想、他的生命。但是如果我们能拥有良好的心态，不轻易低头和服输，那么绝境乃是我们做大事的肥沃土壤，绝境也是成为天才的进身之阶。

在我们周围，有很多人之所以没有成功，并不是因为他们缺少智慧，而是因为他们自认为已陷入绝境，面对艰难没有去做的勇气。其实，只要你能穿越人生的绝境，坚定信念，不妄自菲薄，从"心"出发，坚持不懈，就一定能够赢得光明的未来。

第5章：改变人生，做自己命运的掌舵手

9. 牌是上帝发的

　　艾森豪威尔是美国第34任总统，他年轻时经常和家人一起玩纸牌游戏。

　　一天晚饭后，他像往常一样和家人打牌。这一次，他的运气非常不好，每次抓到的都是很差的牌。开始时他只是有些抱怨，后来，他实在是忍无可忍，便发起了少爷脾气。

　　一旁的母亲看不下去了，正色道："既然要打牌，你就必须用手中的牌打下去，不管牌是好是坏。好运气是不可能都让你碰上的！"

　　艾森豪威尔听不进去，依然忿忿不平。母亲于是又说："人生就和这打牌一样，发牌的是上帝。不管你名下的牌是好是坏，你都必须拿着，你都必须面对。你能做的，就是让浮躁的心情平静下来，然后认真对待，把自己的牌打好，力争达到最好的效果。这样打牌、这样对待人生才有意义！"

　　艾森豪威尔此后一直牢记母亲的话，并激励自己去积极进取。就这样，他一步一个脚印地向前迈进，成为中校、盟军统帅，最后登上了美国总统之位。

　　上帝发什么牌你无法决定，关键是看你如何打好自己手中的牌。正如印度前总统尼赫鲁所说："生活就像是玩扑克，发到的那手牌是定了的，但你的打法却取决于自己的意志。"

大凡优秀的牌手，他并不很在乎一手牌的好坏，就像不在乎命运给了他什么，他只会冷静地对待自己的牌，并机警地观察其他人的动向，从而对全盘做出清醒的分析和判断，挖掘每一手牌的潜力。出色的牌手总是依靠自己的智慧优化组合手里的每一张牌而取得最后的胜利。

当今世界首富——比尔·盖茨，20岁时就创立了电脑软件公司——微软。他的成功既辉煌又容易，他就是用智慧的眼睛，透过云层，直接看到了通向成功的道路。正像他自己所说："财富可以靠手去赚，但更要靠脑去赚。"当年IBM公司找他为IBM的新型个人电脑写操作系统时，盖茨手头上并没有现成的程序，但他知道有一家叫"西雅图电脑产品"的小公司有一种操作系统叫86—DOS，他果断地以75万美元买下这个系统，加以改写，改名MS—DOS，放到IBM公司的个人电脑中。就是这个名为MS—DOS的操作系统打下了后来的微软帝国的江山。现在IBM每卖一台电脑，都要付给微软版税，这项交易被称为是划时代的交易。盖茨就是通过自己的智慧，看准IBM公司的个人电脑将来会执计算机市场的牛耳，把一个实际上不属于自己的东西买下后立即卖给IBM公司而取得成功的。

其实人生就是这样，很多摆在你面前的事情都已是即成的现实，你无法改变，但只要你能冷静地观察和分析局势，运用自己的智慧和意志，就能扭转局势朝着自己所希望的方向发展。

生活就像玩扑克牌。拿到好牌时你不一定就成功，拿到坏牌时也不一定就失败，牌打的好坏最终还是取决于我们自己。

记住，牌是上帝发的，我们分到什么就是什么，别无选择，也不可更换；我们能够做的、应该做的，就是如何将手中的牌优化组合，打好手中每一张牌！

10. 做条奔腾的小河

看过这样一个故事：

一个年轻人在大学毕业时，父亲要他给自己制定一份人生计划。

几天后，他把一份认为父亲看了后会很满意的人生计划送到父亲的手中。父亲看了后，摇摇头对他说："这份人生计划的目标也太低了吧。"

还太低？年轻人心想：如果不是为了应付父亲，他是不会把人生的目标定得那么高的，这些目标在他看来是怎么也难以实现的。

"你知道河流为什么能抵达遥远的大海吗？"父亲问。

人生计划与河流抵达大海有什么关联呢？他不明白父亲问这话到底是什么意思。

"河流之所以能抵达大海，就是因为河流从来不睡觉。"父亲说，"一条小河，从其自身的力量来讲，并没有什么强大，然而，为什么并不强大的小河能抵达遥远的大海呢？那就是因为小河从来不睡觉，从来都是把别人睡觉的时间用在奔跑上，都用在奔向大海这个巨大目标的进程中。如果一个人，也能像小河一样，把别人睡觉的时间都用在自己的学习、工作和事业上，同样也可以抵达人生那遥远的大海。"

"河流之所以能抵达大海，就是因为河流从来不睡觉。"父亲简单的一句话，却蕴涵着多么深刻的人生哲理啊。其实生活中我们每个人都是一条河流，如果我们能够成为一条永不停歇向前奔腾的小河，拥有为了事业而永不知疲倦的精神，我们同样也可以实现人生的目标，抵达人生浩瀚的大海。

孟子曰："天将降大任于斯人也，必先苦其心志，劳其筋骨，饿其体肤，空乏其身，行拂乱其所为。所以动心忍性，增益其所不能。"可见，唯有经过艰苦卓绝的努力，方能取得成功，有所作为。

台湾的电脑专家、诗人范光陵先生，在美国获得斯顿豪大学的企业管理硕士、犹他州州立大学的哲学博士，后来又专攻电脑，写出了《电脑和你》的通俗读本，畅销于台湾和东南亚。他又在国际上奔走呼号，推动成立了电脑协会，举办电脑讲座，召开电脑国际会议，到处发表关于电脑的演讲。由于他在这方面的杰出贡献，泰国国王亲自向他颁发电脑成就奖，英国皇家学院也授予他国际杰出成就奖。

就是这样一个大人物，在他刚到美国时，也是靠打工才熬下来的。刚开始的时候，他在一家餐馆做一份打杂的活：倒垃圾、刷厕所、洗碗盘……每天忙得团团转。在接下来的两年里他打过各种各样的工——收洗碗盘、在茶房端茶送水、卖咖啡、做小工、做收银员、售货员……

他曾穷到口袋里只有一分钱，一整天只喝清水、咽面包屑充饥，但他仍然不停地思考着、探索着。功夫不负有心人，他挣了钱，上了学，读了研究生，终于走出了一条自己的路。

范光陵先生的事迹再次印证了，在这个世界上，从来都是一分耕耘一分收获。想要获得成功，就要比别人多吃苦、多付出。怕吃苦、图安逸的人，是永远也成就不了大事的。试想，历史上哪位杰出人物不是吃得人间许多苦，方才奋斗出来的？

由此可见，要想做出成就、有所作为，就必然要付出比别人多出几倍的努力。我们身边其实有许多优秀的人，他们既不缺乏情商也不缺

第5章：改变人生，做自己命运的掌舵手

乏智商，然而之所以他们没有取得成功，正是因为他们缺少了那份吃苦的精神。我们每个人都是一条奔腾的小河，如果想要抵达浩瀚遥远的大海，就必须把休息的时间用来向前奔跑。

Part 2

下　篇

面对无能为力的10%

◎ 第 6 章　我们都是被上帝咬过的苹果

◎ 第 7 章　无法改变现实，就试着改变自己

◎ 第 8 章　不要给自己抱怨的机会

◎ 第 9 章　学会忘记

◎ 第10章　做一个积极的付出者

◎ 第11章　恐惧是我们的大敌

第6章

我们都是被上帝咬过的苹果

我们都是被上帝咬过的苹果，每个人的身上都会有缺点和不足，无需自卑，也不要悲观面对，有时，人生不需要太完美，留有缺憾也会别有一番味道……

1．我们都需要"阿Q精神"

人生的缺陷就如"被上帝咬过一口的苹果"，尽管这有点自我安慰的"阿Q精神"。可是，人生不如意事十之七八，这个世界上谁不需要自我安慰、自我激励呢？而且，这个理由又是这样的善解人意，幽默可爱。

这让人想起美国著名的园艺师阿尔伯特。阿尔伯特读小学时，老师专门找到他的父母说："你孩子的智力测验结果证明，他不适合再待在学校里了。"于是他只好待在家里，每天在后院与花草为伍。

17岁那年，阿尔伯特经过市政厅前，发现有一块空地长着杂草，于是主动找到负责人说："把这块空地交给我来打理吧，我不要一分钱！"负责人想这块地反正也一直空着，就交给他吧。于是阿尔伯特拿起工具，将整个草坪修剪一新。

某天，市政厅召开会议，很多政治名人到场，其中不少人都对这块"园林艺术"表示了浓厚的兴趣，并且认为这一定是出自大师的手笔。可当阿尔伯特出现在人们的视线中时，谁也没有想到，原来这个园艺作品竟然是一个未成年人的处女作，而且他居然连小学都没有毕业。

此后，阿尔伯特开始正式接触园林艺术，并且凭借自己惊人的天赋，创作了一个又一个园艺杰作。尽管他学历不高，甚至智商都存在问题，但是谁也无法抹杀他在园艺上的杰出才能。阿尔伯特在接受采访时说："我知道有人总在拿我的智力当笑柄，但是我绝对相信，这是上帝的精心安排。假如我是一个聪明人，或许早已因为自负而变得平凡，上帝给我的天赋岂不早被埋没了吗？"

正如阿尔伯特一样，世界文化史上有著名的三大怪杰，文学家弥尔顿是瞎子，大音乐家贝多芬是聋子，天才的小提琴演奏家帕格尼尼中年后是哑巴，如果用"上帝咬苹果"的理论来推理，他们也都是由于上帝特殊的喜爱，狠狠地咬了一大口的缘故。

帕格尼尼4岁出麻疹，险些丧命；7岁患肺炎，又几乎夭折；46岁，牙齿全部掉光；47岁视力急剧下降，几乎失明；50岁又成了哑巴。上帝这一口咬得太重了，可是也造就了一个天才的小提琴家。帕格尼尼3岁学琴，即显天分；8岁已小有名气；12岁举办首次音乐会，即大获成功。之后，他的琴声几乎遍及世界，拥有无数的崇拜者，他在与病痛的搏斗中，用独特的指法弓法和充满魔力的旋律征服了整个世界。著名音乐评论家勃拉兹称他是"操琴弓的魔术师"，歌德评价他"在琴弦上展现了火一样的灵魂"。

有人说，上帝像精明的生意人，给你一分天才，就搭配几倍于天才的苦难。这话真不假。

当你遇到不如意时，不必怨天尤人，更不能自暴自弃，顶好的办法，就是运用我们的"阿Q精神"自励自勉：我们都是被上帝咬过的苹果，只不过上帝特别喜欢我，所以咬的这一口更大些罢了。

上帝有时就像个淘气的孩子。只要喜欢，就不分青红皂白，瞎咬一气。上帝看中了才子司马迁，喜欢得不得了，于是就狠狠地咬了他一口。然而，这一咬，却咬出了太史公的才华横溢，咬出了"藏之名山，传之其人"的"无韵之离骚，史家之绝唱"的《史记》。当然，司马迁也是慢慢才悟出这道理的，在他被上帝咬了许多年之后，他写下一段著名的言论："昔文王拘而演《周易》；仲尼厄而作《春秋》；屈原

第6章：我们都是被上帝咬过的苹果

放逐，乃赋《离骚》；左丘失明，厥有《国语》；孙子膑脚，兵法修列……"今天读来，仍掷地有声，作金石响，令人叹服。

既然这是命运，那么，我们只能接受它，鼓起勇气去面对现实，清醒、理智地认识自我和客观现实。光明使我们看见许多东西，也使我们看不见许多东西。假如没有黑夜，我们便看不到闪亮的星辰。因此，即使是曾经一度使我们难以承受的痛苦磨难，也不会是完全没有价值的。它可使我们的意志更坚定，思想、人格更成熟。因此，当困难与挫折到来，应平静地面对，乐观地处理。最重要的，我们千万别漠视或否定自己的价值！人生都是不完整的、有缺憾的，但无论怎样，存在即是合理，上帝既然选择了让我们存在，那么我们的存在就是有价值的，我们要始终相信不完整的人生依然可以活得很精彩！

生活中我们不妨都借用一下"阿Q精神"：被上帝咬过的苹果依然是苹果！既然命运让我们无法选择做一个没有被咬过的苹果，无法选择完美，那么，我们就选择卓越！

2．有时缺陷也可以变成优势

有一则笑话描写鸭子和螃蟹赛跑，鸭子步伐较为敏捷，于是绕着环形体育场跑开了，螃蟹速度自然要慢许多，但却是横着走，于是二者同时到达终点，不分胜负。随后二者找到裁判，要求必须见个高低，于是裁判说："那你们就玩剪刀、石头、布的游戏，谁赢谁就是冠军。"这时鸭子反对说："这可不行！我怎么出都是布，螃蟹怎么出都是剪刀！"

这虽然只是一则笑话，但其中却蕴含了丰富的人生哲理。要是论速度，鸭子很明显胜螃蟹一筹，但要是玩剪刀、石头、布的游戏，那么鸭子永远也赢不了螃蟹。这就正好说明，每个人都有自己的缺点和弱势，但同时也都会有别人身上所不具备的优点与长处，因为每个人都是不可替代的，所以一个人应该认识到自己的长处，而不是揪着自己的缺陷不放。你的不足并不是让你自卑的，而是让你认识到自己的优势无人可及。下面这个故事说的正是这个道理。

有一个男孩在一次惨烈的车祸中失去了左臂，但他仍然决定学习柔道。

男孩师从一位年长的日本柔道大师。孩子练得很好，但他不明白为什么师傅在三个月的训练中，始终只让他重复同一个动作。

"师傅，"男孩终于忍不住问道，"我是不是可以学点儿别的动作了？"

师傅回答说："这是你惟一知道的动作，但也是你惟一需要知道的动作。"

男孩虽然不理解，但他非常信任自己的师傅，于是继续练着。

几个月后，师傅带这个男孩子去参加他的第一次比赛。

令这个男孩不可思议的是，他轻易赢了头两场比赛。第三场比赛似乎更难，但他的对手在比赛中开始失去耐心，向他冲过来，而这个孩子立即用他学过的惟一一招击败了对手。就这样稀里糊涂地，他进入了决赛。

这一次，他的对手更壮、更强，也更有经验。有那么一阵，男孩似乎抵挡不住了。考虑到男孩可能会受伤，裁判叫了暂停。他正准备停止比赛的时候，男孩的师傅阻止了他。

"不能停，"他说，"让他继续比。"

比赛继续进行之后不久，男孩的对手就犯了一个致命的错误：防漏（柔道术语）。男孩迅速用他那惟一的一招绊倒了对手，赢了这场比赛，并最终取得了冠军。

回家的路上，当男孩和他师傅重温着每一场比赛里的每一个动作时，他鼓起勇气道出了心中的困惑。

"师傅，我怎么会用一个动作就赢得了所有的比赛呢？"

"你获胜有两个原因，"师傅回答道，"第一，你已经基本掌握了柔道当中最难学的一个动作。第二，要对付这个动作，你的对手惟一可以做的就是去抓你的左臂。"

就这样，男孩断臂的缺陷却变成了他的最强项。

生活中我们大部分人也都是追求完美主义者，我们希望我们拥有的所有东西都是完美的，如若不是，我们就会觉得很不爽、怨天尤人或是开始自卑、自暴自弃。俗话说："金无足赤，人无完人。"索罗斯的哲学中也曾说过："人性本来就是不完美的，承认这一点不会让人可耻，这只不过是人类的先天性缺陷。可耻的是死不承认。"其实只要我们都能正视自身缺陷，不埋怨、不放弃，以宽容平和的心态面对，有时缺陷也会转化成别人不具有的优势。

3. 敢于不如人

一位世界一流的小提琴演奏家在为别人指导时，从来不说话。每当学生拉完一曲，他总是把这一曲再拉一遍，让学生从倾听中得到教诲。他总是说："琴声是最好的教育。"

他收了一位名不见经传的新生，在拜师仪式上，学生为他演奏了一首短曲。这个学生很有天赋，把这首短曲演奏得出神入化。学生演奏完毕，这位大师照例拿着琴走上台。但是这一次，他把琴放在肩上，却久久没有奏响。他沉默了许久，然后，又把琴从肩上拿了下来，深深地叹了口气，走下了台。众人惊慌失措，不明白发生了什么事。这位大师微笑着说："你们知道吧，他拉得太好了，我没有资格指导他。最起码在刚才的一曲上，我的琴声对他只能是一种误导。"全场静默片刻，然后爆发出一阵热烈的掌声。

故事中的演奏家敢于承认自己的不足，这是一种难能可贵的勇气。每个人都有长有短，有优点也有弱势，只有真正看清这一点，才能真正地认识自己，才能找到属于自己的位置，最后胜于人。

生活中我们常常觉得自己在很多地方不如人：在家务上，不如勤劳能干的主妇；在工作上，不如善于察言观色的同事；在处理人际关系上，甚至不如12岁的女儿；在新知识的运用与掌握上，不及年轻人的迅速灵敏；碰到复杂事物，又缺乏长辈的精明练达、长袖善舞；最糟的是遇到紧急情况缺乏应变能力，反应迟钝，甚至明明稳操胜券的事情，却偏偏输得干干净净。

其实，有时只要你将调子放得低一点，心态修练得静一点，在经历了几番风雨几轮挫折后，也就会渐渐地明白了，一个人不可能处处胜于人，有得必有失。

命运往往是无常的，做什么都要留有余地。其实，从另一种角度来说，敢于不如人，也是某种程度上的自信。只有敢于不如人，才能胜于人。天外有天，楼外有楼，一个人怎能时时处处胜过所有的人呢？我们要学会扬长避短才算机智，拿自己最不擅长的柔弱之处去硬碰别人修炼得最拿手的看家本领，其结果是可想而知的。一个人的弱点，可以成为你消沉胆怯的原因，也可以成为你一生中最大的激励因素。弱点的背后往往隐藏着，而且是"深深地"隐藏着巨大的潜力，一旦被改正，你的弱点就将成为震撼世界的优点！

姚明被国际传媒称为"中国巨人时代的代言人"，他战胜自身弱势

第6章：我们都是被上帝咬过的苹果

取得成功的过程，值得所有中国人自豪，也值得我们反省。

姚明自幼体弱多病，得过肾炎，左耳几近失聪，反应迟钝，两脚是不适合跑跳的"刀削脚（平脚）"，这些都是打篮球的致命弱点和缺陷。

但他父亲问姚明："告诉我，你喜欢篮球吗？"

"喜欢啊，我喜欢球场的感觉，喜欢球迷的呼喊……"

他父亲说："够了，儿子，只要喜欢，你就安心练球吧，你一定会比别人有出息的！"

姚明从此开始了常人难以想象的艰苦训练，虚心地从别人的嘲笑中总结经验，扬长避短，先入选中国篮球明星队，22岁入选了全球最有影响力的NBA明星联队。

姚明之所以能够成功，原因有两个：

一个是他以队友为超越的目标，从最弱变成了最强。姚明刚进NBA时，他被称为最瘦弱的"杆"，因为他只能推45磅的哑铃，而他的队友可以推100磅。5年后，姚明推哑铃的重量超过了120磅，由最弱变成了最强。只因他5年来都在别人训练结束后，多加练几个小时的力量训练，并且从不间断。

另一个是他反复审视自己的错误，疯狂地调整缺点。每一次比赛和训练，姚明的教练都会录像，把他所有的失误镜头都剪下来，录到一张光盘里。姚明每次都会仔细反复看，记下自己犯的每一个细小错误，然后一次又一次在训练中调整，直到把正确的动作转变成自己身体的一部分，转化成自己的本能，于是，姚明取得了不可思议的进步。

其实一个人的缺陷，有时就是上苍让你成功的信息和暗示。

每个人都会有许多弱点和短处，但也会有各种潜能与优势，你能如人的地方肯定很少很少，而不如人的地方绝对很多很多。人的精力有限，机遇也有限，但只要你明白了这一点，你就会有一颗从容的心态，也才能真正地如人了。

4. 学会接纳并热爱自己的缺陷

这是英国著名网球明星吉姆·吉尔伯特的真实故事。这个女孩子小的时候曾经经历过一次意外：

一天，她跟着妈妈去看牙医，这本来是个很小的事情，她以为一会儿就可以跟妈妈回家了。但是我们知道，牙病是会引发心脏病的。可能她的妈妈之前没有检查出来存在这种隐忧，结果让小女孩看到的是惊人的一幕：她的妈妈竟然死在了牙科的手术椅上！

这个阴影在她的心中一直存在着。也许她没有想到要看心理医生，也许她从没有想过应该根治这个伤痛，她能做的就是回避、回避、永远回避，在牙痛的时候从来不敢去看牙医。

后来她成了著名的球星，过上了富足的生活。有一天她被牙病折磨得实在忍受不了，家人都劝她，就请牙医到家里来吧，咱们不去诊所，这里有你的私人律师、私人医生，还有所有亲人陪着你，你还有什么可怕的呢？于是请来了牙医。

意外的事情发生了：正当牙医在一旁整理手术器械、准备手术的时候，一回头，吉姆·吉尔伯特已经死去。

当时伦敦的报纸，记述这件事情时用了这样一句评价：吉姆·吉尔伯特是被四十年来的一个念头杀死的。

这就是心理暗示的力量。一个遗憾能被放大到多大呢？它可以成为你生命中一个阴影，影响到你的生命质量。

当然很多人不见得会面临上述这种极端的例子，但大家一定听到过这样的说法，一个人在愤怒或忧虑的时候，如果用一个测量仪来检测你呼出来的空气，它是灰色的，其中的二氧化碳会特别多。所以，长期困扰于人生的遗憾不能自拔，对一个人的生命质量是会有所损害的。

既然生活中的缺憾不能避免，那么用什么样的心态来对待这种缺憾就非常重要了。心态不同，也许会带来完全不同的生活质量。曾看过这样一个故事：

邻居大姐是位生意人，长得很漂亮，衣着很时髦，性格很开朗，对人很热情。她的女儿也很有艺术天赋，平时看到一些漂亮的花呀、草呀、树叶呀……都拿回家画，每次去书店，她都要去买有关美术方面的书，文化课也不错，在今年高考中如愿以偿地考上了福州美术学校，一直是邻居大姐口中的骄傲。

女儿很乖，很省心，但就是有一点不好，性格不怎么活泼，不喜欢和人打招呼。

问及原因，邻居大姐伤心地说："这正是我所担心的，小时候她和小朋友们一起玩，不小心，牙齿被摔断了一颗，她知道自己的牙齿很难看，所以很少笑，怕笑起来自己的缺陷被别人看到了。她朋友很少，也很少和同学们出去玩，性格也就变得越来越孤僻，我担心她出门读书怎么办?以后走上社会怎么办?……"

其实，邻居大姐的女儿小时候是很活泼的，正是因为这颗摔断的牙齿，才让她失去了自信，失去了欢笑。

看完这个故事，我的心久久不能平静。一个本来多才多艺、如花似玉的女孩儿，仅仅因为一颗摔断的牙齿，就失去了欢笑，失去了与人沟通交流的自信，甚至失去了原本活泼开朗的性格，这是一件多么可悲的事情啊！如果她不能够学会接纳自己的缺陷，如果她不能够正视这根本无伤大碍的半颗牙齿，那么她在今后竞争激烈的社会中还将会失去多少发展的机会啊！人无完人，每个人的身上都会找到令自己不满意的缺陷，我们都要用正确的心态去看待它，把它看作是上天赐给我们的礼物，学会接纳并热爱自己的缺陷，那样，你就能看到人生中另外一种风景，它会更美，更令人陶醉！

中央电视台曾报道过这样一个真实的故事：

有一个女孩儿，从小得了侏儒症，三十几岁时，才找到一个比她大七八岁的看门的人。结婚以后，生了一个女儿，可谁知，遗传她的基因，女孩又是一个侏儒。在别人看来，这应该算是命运对她的不公了吧，但她自己却并没有这样认为，她总能以乐观的态度平静地看待这一切。

因为身体的缺陷，她找不到好的工作，只能以收废品为生，但她没有像其他收废品的人那样，弄得全身脏兮兮的，一点不在意别人和自己的感受。她把收废品当成了一份神圣的工作，每天早晨，她都穿上漂亮的衣服，涂上口红，化好妆，怀着愉快的心情，带上微笑，开始一天的工作。

空闲的时候，她还喜欢唱一些流行歌曲，在节目的现场，当她在台上倾情演唱"亲爱的，你慢慢飞，小心前面带刺的玫瑰……"的时候，台下掌声四起，观众不是因为她唱的歌有多好听，而是被她那种笑对人生的精神所感动了。正是因为她学会了接纳并热爱自己的缺陷，才会把自己的生活演绎得如此幸福、如此快乐！

两个主人公，两种不同的命运，之所以会造成这样的结果，原因就在于她们面对自己缺陷时的态度。所以，朋友们，请一定记住：也许你的外表长得不那么令你满意，也许你有先天或后天造成的各种缺陷，但只要你能用正确的心态去看待它，学会接纳并热爱自己的缺陷，那么，你同样可以活出精彩的人生！

5. 每个人都有自己的优点

有一则寓言是这样的：

从国外来了只大袋鼠，大家都觉得挺新鲜。

猴子说："哟，多稀奇呀，肚子上还有个口袋，一定是装桃子用的。"

"不，那一定是装松子的。"松鼠说。

"怎么会呢！"骆驼说，"我想那一定是装草料的。"

袋鼠听了，笑着说："它是我的育儿袋。"

"啧，啧！"大家咂咂嘴，更觉得了不起，"从国外来的就是不同啊！"

"有什么大惊小怪的！你们不也都有口袋吗？"袋鼠说。

"我们？"大家你看看我，我看看你。

"你，"袋鼠指着猴子说，"口腔两边不是也各长着一只'食品袋'么？吃不完的东西就藏在里面。"猴子瞪大了眼睛。

"你，"袋鼠指着松鼠说，"口腔两边有个'运输袋'，把松子装进去，又吐出来埋藏在地下，对吧？"松鼠愣住了。

"还有你，"袋鼠对着骆驼说，"背上的驼峰，不是很好的'营养袋'么？"骆驼点点头。

"呀，原来我们都有口袋，这没什么了不起的嘛！"大家不好意思地笑了。

这则寓言告诉我们：其实同样的优点在我们每个人的身上也都有，只是优点有时会被自己忽视。特别是当面对外来事物时，更容易引起我们的自卑感。我们要相信自己，每个人都是世上独一无二的，都是优秀的！

一个穷困潦倒的青年，流浪到巴黎，期望父亲的朋友能帮助自己找到一份谋生的差事。

"数学精通吗？"父亲的朋友问他。青年摇摇头。

"历史、地理怎样？"青年还是摇摇头。

"那法律呢？"青年窘迫地垂下头。

父亲的朋友接连发问，青年只能摇头告诉对方——自己连丝毫的优点也找不出来。

"那你先把住址写下来吧。"青年写下了自己的住址，转身要走，却被父亲的朋友一把拉住了："你的名字写得很漂亮嘛，这就是你的优点啊，你不该只满足找一份糊口的工作。"

数年后，青年果然写出享誉世界的经典作品。他就是家喻户晓的法国18世纪著名作家大仲马。

其实，生活中我们每个人都会有缺点和优点，一般有明显缺点的人，就都会有明显的优点，比如瞎子的听力比一般人敏感，而聋子的眼睛也比正常的人敏锐。很多时候缺点里都是孕育着优点的，但由于自卑，反而使我们常常忽略了自身的这些优点。所以说，每个平淡的生命中，都蕴涵着一座丰富的金矿，只要你肯挖掘，就会挖出令自己都惊讶不已的宝藏！

6. 学会从自卑中解脱

蜗牛总觉得自己身份低微，没有什么长处，被大家当作捉弄的对象，说它只顾小家没有大家。因此，它连蝴蝶和蜜蜂都不敢正视。

天长日久，蜗牛把自己完全封闭了，不管外边发生什么事，它都不闻不问，大家也不把它当一回事。

这一天，蚯蚓钻出了地面，告诉蚂蚁，大概是下午或晚上，有一场雷暴雨，叫蚂蚁赶紧通知山上山下的邻居，抓紧做好准备，以防不测。

蚂蚁很快地用自己的方式通知邻居，惟独没有通知蜗牛，蜗牛自然什么都不知道。

天黑时雷暴雨来了。

由于蜗牛没有准备，被山上冲下的雨水卷到山脚，遍体鳞伤。

蚯蚓知道了蜗牛的遭遇，对它说："你要是还在自卑中生活下去，更危险的事还在后头呢！"

蜗牛听了，沉思了起来。

故事中的蜗牛，总是觉得自己身份低微，没有长处，事事不如人，在人前总是自惭形秽，从而丧失自信，封闭悲观，这就是我们通常所说的自卑。自卑是一种消极的自我评价或自我意识，一个自卑的人往往在面对自身不足和遭遇挫折时，过低地评价自己的形象、能力和品质，总是拿自己的弱点和别人的强处比，结果往往导致事情的失败，甚至造成严重后果。所以，克服自卑心理是一个很重要的心理健康问题。

那么，怎样才能从自卑的束缚下解脱出来呢？

一、正确评价自己，转移注意力

可能有些时候，你并不十分了解自己，很多自卑的人都看不到自身存在的优势。那么你不妨将自己的兴趣、嗜好、能力和特长全部列出来，哪怕是很细微的东西也不要忽略。你将发现其实你也有很多别人没有的优点，不要自欺欺人，即使是自己的弱项和遭到失败的地方也要持理智和客观的态度，不能将其看得过于严重，你要知道每个人都不是完美的，这样自卑便失去了温床。

对自己身上确实存在的弱项和失败也不要老是关注，而应将注意力和精力转移到自己最感兴趣也最擅长的事情上去，从乐趣与成就感中获得你的自信，驱散自卑的阴影，从而缓解你的心理压力和紧张。

二、对自己的自卑进行心理分析

如果你存在自卑心理，不妨去试着找下原因，这种方法可在心理医生的帮助下进行。具体做法是通过自由联想和对早期经历的回忆，分析找出导致自卑心态的深层原因。并让自己明白自卑情结是因为某些早期经历而形成的，它深入到了潜意识，一直影响着自己的心态。实际上现在的自卑感是建立在虚幻的基础上的，是没有必要的。这样就可以从根本上瓦解自卑情结。

三、用行动证明自己的能力与价值

每一个人的存在都是有价值的，有人需要你，你就有价值，你能做事，你就有价值。要想建立自信，不妨从每一次小小的成功开始。你可以先选择一件自己认为最有把握的事情去做，做成之后，再去找下一个目标。这样，每一次成功都将强化你的自信心，弱化你的自卑感，一连串的成功就会慢慢巩固你建立起的自信。

四、从另一个方面弥补自己的弱点

每个人都是一个多面体，必然会有多方面的能力。一个人这方面有缺陷，可以从另一方面谋求发展。只要有了积极心态，就可以扬长避短，把自己的某种缺陷转化为自强不息的推动力量，也许你的缺陷不但不会成为你的障碍，反而会成为你成功的条件。因为它能促使你更加专心地关注自己选择的发展方向，促成你获得超出常人的发展，最终成为超越缺陷的卓越人士。

五、从成功的回忆中建立成功的自我形象

当你在失败中怀疑自己的能力并为自卑感所困扰的时候，你不妨从过去的成功经历中吸取养分，来重塑你的信心。你不要沉溺于失败的痛苦中，把失败的意象从你脑海中赶出去，因为失败决不是你的主要方面，而是你偶然存在的消极面，是你心智不集中时开的小差。你应该多强调自己成功的一面。一连串的成功，贯穿起来就构成一个成功者形象。它强烈地向你暗示，你是具有决策力和行动力的，你能导演自己成功的人生。

另外，你还可以用看看自己最满意的照片的办法获得信心。你不妨随身带着自己最得意的照片，当情绪低落时，它能有效地调节你的心情，照片上那张生动的脸，飞扬的神采和洋溢的喜悦对你来说，无异于一种振奋剂。它能明确地提醒你，你能够以一种光彩照人的形象出现在任何人面前，你是最棒的，因而也会建立起一种自信。

所以，对于自卑者来说，需要调整的是对自我的认识角度，需要通过不断发展自我而建立起一种独特的人生优势，即内在的自信。唯有这样，自卑者才不会因自身缺陷、不足和遭遇挫折或侮辱而轻易贬低、否定自己，才能从自卑中解脱出来，促成事情的成功。

7. 原谅别人，因为他也是被咬过的苹果

记得台湾证严法师有一件为人称道的事：

有一天，证严法师为了慈济医院的事，前去拜访台北一位慈济委员，那位委员端出一杯茶招待法师，当时他突然发现杯子稍有缺口，于是很不好意思的说："师傅，真抱歉，这杯子缺了一角……"法师回答："缺角的地方不去看它，整个杯子就是圆的。每个人都有缺点，若人不去计较缺点，则每个人都是很好的人。"

是啊，"人非圣贤，孰能无过"。生活中我们每个人都会犯错，每个人身上都会有这样或那样的缺点，如果你总是去计较别人的缺点，只能使自己迷失在琐碎的扰攘之中，找不到人生的乐趣。欣赏别人的长处，也要学会原谅别人的缺点，因为他也是"被上帝咬过一口的苹果"。

但是一般来说，我们对自己过错的审视，往往不如看待别人所犯的过错那么严重。正如德国神学家肯比斯所言："我们很少用同样的天平去衡量身边的人。"

这大概是因为我们对别人导致过错的背景不了解，以至于对别人的过错不能原谅，因而使我们常把自己的注意力集中在别人的过错上；而对于自己犯错的原因能够进行比较透彻的分析，因此也就比较容易原谅了。即使有时我们不得不正视自己的过错，也总觉得它们是可以宽恕的，这是因为无论我们自己是好是坏，我们只能容忍自己。举个小小的

第6章：我们都是被上帝咬过的苹果

例子，假使发现别人说谎，我们的谴责会是何等的严酷。可是，轮到我们自己时又是怎样一种情形了呢？

是人，就都有做错事的时候，做错事总是要给个机会悔改；即使犯再大的错，也要给时间，给一个悔改的机会，给别人一个机会，何尝不是在给自己一个机会呢！

原谅别人，也就等于善待自己，原谅别人，就不会让自己的心胸变得那么狭小。容一个人，包括他（她）的优点和缺点，这种境界很高，想必没有几人能做得到、做得全的，但是我们可以尽自己所能去做去争取，无论成功与否我们毕竟尝试努力了。原谅他（她）的一切，就不再会计较那么多。人的一生中会经常遇到不顺心的事，经常碰到很多"不顺眼"的人，如果你不学会原谅，就会活得很痛苦、活得很累。

一个快乐的人不是由于他拥有了多少，而是在于他能放下的有多少。太过计较别人缺点的人，就会常常觉得自己被亏待，当一个人总觉得被亏待的时候，他就是不快乐的。假如我们能够换种思维方式，在能原谅自己的时候，也能在别人的缺点和错误里找出他们的可爱和可敬之处，我们就会觉得内心轻松，一切纷争烦恼也就自然不存在了，因为要知道：毕竟我们每一个人都是被上帝咬过的苹果。

8. 生命的圆满

记得在电视上看过这样一幅画面：

那是美国一个国家级沼泽森林公园。时值枯水季节，举目望去，一株株笔直挺拔的参天大树，伟伟煌煌地一直蔓延到天地的尽头，间或有几株不知何时被风吹倒的树木歪在地上，有的渐渐风化了，长满了绿苔，松鼠和一些小动物们用它做窝，嬉戏其间，别有一番情趣。

我想，如果没有这些倒掉的残木，没有参差不齐一蓬一蓬的灌木丛，只有整齐划一的栋梁之材，这原始森林就该逊色许多了吧！

世界上万事万物又何尝不是如此呢。太完美的东西，有时反而失去了它的真实性。

记得看过这样一个故事：有一个人搬入新居，于是数位好友齐聚，贺其乔迁之喜。

主人不俗，很是懂得享受生活，虽不富裕，屋子却布置得简单而富有情趣。阳台很宽敞，悬挂着几盆花花草草，红绿相间，疏密有致，令人赏心悦目。

突然，一位细心的女士说到："嘿！你们看出来没有，这几盆花草有真有假。"于是立即吸引了大家的目光，齐刷刷地瞄向阳台悬挂着的那几盆花草。

"我怎么没有看出来呢？"有人反问道。

90/10 原理
Ninety/Ten Principle

　　"不用手摸，不用鼻子闻，谁能在五米以外准确地指出真假，我就送给谁一盆郁金香。"主人有些得意地说。

　　于是大家都开始仔细地观察起来。眼前的几个盆栽，都长得很茂盛，看起来个个碧绿如玉，青翠欲滴。花儿，也开得有声有色，汪洋恣肆。猛然看去，的确难辨真假。可是看着看着，感觉出来了。在这些花盆中间有三盆花依稀能够找到枯萎的残叶，有的叶片上还有淡淡的焦黄，显示出新陈代谢和风雨侵袭的痕迹。可是另外两盆，绿得鲜艳，红得灿烂，没有一片多余的赘叶，没有一丝杂草，更没有一根枯藤。一切都是精心设计精心制造的结果，它们显得那么完美无缺。

　　故事看完了，心中不免有些感慨：是啊，世界上太完美的东西反而会失去它的真实性，有残缺、有破损的东西才是实实在在存在的。人们之所以能够辨别出主人家花草的真假，就在于真花比假花多了那么几片赘叶，多了那么一丝杂草，多了那么一些枯败。

　　当然，生活中我们都应该努力做到最好，但人是无法做到十全十美的。我们面对的现实情况是如此的复杂，以致无人能够始终保持不出错，也终究会因此而失去很多。但也许正是失去，才成全了我们在另外一种意义上的完整。

　　一个有勇气放弃他无法实现的梦想的人是完整的；一个能坚强地面对失去亲人的悲痛的人是完整的；一个能正视自己身体缺陷不放弃生命的人是完整的；一个遭遇巨大灾害却仍然因为人生的继续运转而心存感激的人是完整的……因为他们都经历了最坏的遭遇，却成功地抵御了这种冲击。

　　生命不是手中的一张答卷，你不会因为曾经犯过的一个错误就永远成为一个不及格的人。生命好比一场登山运动，每个人都有陷入谷底的时候，但也都有攀上高峰的那一天。我们追求的目标是尽可能让自己得到的多于失去的，而当我们面对无法再去拥有的时候，也许失去也是另一种意义的完整。

所以，在我们的生命中，如果我们能够勇敢去爱、去原谅，为别人的幸福而慷慨地表达我们的欣慰，理智地珍惜环绕自己的爱，那么，我们就能得到别的生命不曾获得的圆满。

9．人生不要太圆满

从前，一个天生有缺口的圆圈，它四处找寻吻合自己缺口的missingpiece，一路寂寞，便会找别的生命排解空虚。它一直向前滚动，当遇到一条晒太阳的虫，便停下来和它聊聊天气，继续向前，又遇到一只忙碌的蜜蜂，就和它说说工作。向前再遇到一只美丽的蝴蝶，便和蝴蝶结伴同行一小段路……独自一人时它会唱唱歌、喊喊累，去品尝其中淡淡的忧愁。终于在经过多次的尝试，它找到了它的missingpiece，两个一拍即合，再无缺少。于是一个新的完美的圆，满足地掠过蝴蝶、蜜蜂和虫子，没有停下来，更没有聊天，它们已经充塞着对方，没有位置给周围的灵魂。这时圆圈自我安慰："至少，我已经找到只属于我的missingpiece，至少，我可以满足地歌唱。"于是它便想像从前一样大声地歌唱，但却忘记了missingpiece已经填满了自己的缺口，它再也不能发出任何的声音了。"啊！原来不过如此！"完整了一段时间的圆圈感慨地想，最后放下了它辛苦找到的missingpiece，孤身离开了。

另有一块missingpiece在四处寻找属于自己的有缺口的圆圈，找不到。却遇到一个没有缺口的大圆圈，那missingpiece向大圆说道："你可否带我走？"大圆不肯，却说道："其实你也可以独自上路的。""我不过是一块missingpiece，棱棱角角的，找不到我的圆我走不远。"大圆答："你可以的，相信自己，尝试着上路吧，假以时日你的棱角磨去，那你就也能和我一样自由地滚来滚去了。"于是missingpiece便试着前行，起初是跌跌碰碰。然后，蹦蹦跳跳。最后，它终于可以慢慢地滚动——虽然蹒跚，但总算不假外求，自食其力。而它的棱角，亦真的随着走路而慢慢磨去，它虽不自觉，但它的外形已渐渐变为一个细小的圆。一日，它再遇见大圆，它们终于可以结伴同行，虽然谁也没有带着谁。

每个人都曾经幻想过，人一出生就是完美无缺的圆，那么理应无欲无求，自给自足，快乐自由了。但是很可惜，大部分人都是一个有缺口的圆，或是missingpiece，总觉得自己缺少了什么，于是有人寻寻觅觅，有人默默等待。故事一里的缺口圆太想让自己变得完美，也显得很幼稚，以为找到自己的missingpiece就是它人生旅途的终点，生命就会变得完满精彩了，殊不知，在找到它的missingpiece后反而失去了从前的快乐。故事二里的missingpiece又实在可怜，明明是有棱有角，却要改变自己，磨成一个连自己都认不出的圆，纵然能自由滚动又有什么快乐可言，因为它已经失去了原本属于自己的本性。

是啊，在现在这个讲究包装的社会里，我们常禁不住羡慕别人光鲜华丽的外表，而对自己的欠缺总是耿耿于怀。但只要我们用心观察，就会发现，其实没有一个人的生命是完整无缺的，每个人多少少了一些东西。

有人夫妻恩爱、月入数十万，却患有严重的不孕症；有人才貌双全、能干多财，情字路上却是坎坷难行；有人家财万贯，却是子孙不孝；有人看似好命，却是一辈子脑袋空空。

每个人的生命，都被上苍划上了一个缺口，你不想要它，它却如影随形。

其实，人生不要太圆满，有个缺口让福气流向别人是很美的一件事，你不需拥有全部的东西，若你样样俱全，那别人还吃什么呢？

每个生命都有欠缺，我们无需与人做无谓的比较，只要能珍惜自己现在所拥有的一切就够了。不要羡慕外表光鲜照人的达官显贵，虽然他们的外表实在令人羡慕，但深究其里，每个人都有一本难念的经，甚至苦不堪言。所以，不要再去羡慕别人如何如何，好好数数上天给你的恩典，你会发现你所拥有的绝对比没有的要多出许多，而缺失的那一部分，虽不可爱，却也是你生命中的一部分，接受它且善待它，你的人生就会快乐豁达许多。

所以，人生不要太圆满，因为不圆满才会有期盼，有期盼才会有动力，有动力才能有所成就，才会享受到人生的美好与快乐。日有阴晴，月有圆缺，人生就如月的圆缺，有一次次缺憾，才会生出一股股动力，创一回回成功，最终得一个个圆满。人们正是因为不圆满才得以最终实现了自己人生的幸福、美满的。

10．不完美的完美

曾经看过这样一个故事：有一个人，单身半辈子了，快五十岁时，突然结了婚，新娘跟他的年龄差不多，徐娘半老、风韵犹存。知道的人都会窃窃私语："那女人以前是个演员，嫁了两任丈夫，都离了婚，现在不红了，由他捡了个剩货。"

他却笑着说："剩货有什么不好？我太太，前面嫁个四川人，又嫁个上海人，还在演艺圈混了二十多年，大大小小的场面见多了。现在老了、收了心，没了以前的娇气、浮华气，却做得一手四川菜、上海菜，又懂得布置家。讲句实在话，她真正最完美的时候，反而都被我遇上了！其实想想我自己，我又完美吗？我还不是千疮百孔，有过许多往事、许多荒唐，正因为我们都走过了这些，所以两个人都成熟了，都知道让，都知道忍，这人生的不完美，正是一种完美啊！"

老人乐观的话语并不是为自己开脱、找借口。生活本来就是如此，没有谁能是完美无缺的。有时，这不完美，反而会成就另一种意义的完美。

有一对青年男女双双步入婚姻的殿堂，甜蜜的爱情高潮过去之后，他们开始面对日益艰难的生计。妻子总觉得他们的生活太不完美了，整天为缺少财富而郁郁不乐，他们的钱实在是太少了，少得只够维持最基本的日常生活开支。他的丈夫却是个很乐观的人，总是不断寻找机会开导妻子。

有一天，他们去医院看望一个朋友。朋友说，他的病是累出来的，常常为了挣钱不吃饭不睡觉。回到家里，丈夫就问妻子："假如给你钱，但同时让你跟他一样躺在医院，你要不要？"妻子想了想，说："不要。"

过了几天，他们去郊外散步，他们经过的路边有一栋漂亮的别墅，从别墅里走出来一对白发苍苍的老者。丈夫又问妻子："假如现在就让你住上这样的别墅，同时变得跟他们一样老，你愿不愿意？"妻子不加思索的回答："我才不愿意呢。"

他们所在的城市破获了一起重大团伙抢劫案，这个团伙的主犯抢劫现钞超过100万，被法院判处死刑，罪犯押赴刑场的那一天，丈夫对妻子说："假如给你100万，让你马上去死，你干不干？"妻子生气了："你胡说什么呀，给我一座金山我也不干！"

丈夫笑了："这就对了，你看，我们原来是富有的。我们拥有生命，拥有青春，拥有健康，这些财富已经超过100万，我们还有靠劳动创造财富的双手，你还愁什么？我们已经拥有了最完美的人生。"妻子把丈夫的话细细地咀嚼品味了一番，也变得快乐起来。

是啊，其实不完美正是一种完美！当我们老了、生锈了、千疮百孔了，自己都要每隔一阵子就去看医生，来修补我们残破的身躯了，我们又何必要求自己拥有的人、事、物，都完美无瑕、没有缺点呢？看得惯残破，也是历练、是豁达、是成熟，是一种人生的境界啊！其实不完美的人生，才是真正意义的完美。

第7章

无法改变现实，就试着改变自己

现实就像个顽皮的孩子，总是喜欢和人作对：你明明想要得到幸福，现实偏偏给你布满痛苦；你明明想要获取欢乐，现实偏偏让你充满悲伤；你明明是满怀希望，现实却总是让你失望……现实就是如此，如果你无法改变它，不妨试着改变自己，坦然一些、积极一些，用智慧充盈头脑，用学习武装自己，寻找机会、抓住机会，你的梦想就会变成现实。

1. 坦然面对现实

桑迪是一个时常回避现实的人。在儿子于12年前的一场车祸中不幸离开之后，她从未正视过这种失去带给她的全部影响。朋友常谈起她是如何很好地克服了儿子离去带给她的打击。但三年之后她患上了癫痫病，这似乎与经历的丧子之痛并没有什么直接联系。然而九年来她饱受病痛发作之苦，以致无法正常工作。此外，与丈夫和其他孩子之间的关系也渐趋恶化。

桑迪最终不得不求助支持小组来消除癫痫症给家庭带来的不安。在第一阶段，支持小组的负责人问她是否遭受过重大创伤。她回答说是的，但解释说那已经是发生在许久以前的事情，不再是影响她生活的因素。负责人更明白这一点，于是通过专业的治疗手段设法使她回到儿子去世的记忆中。最终桑迪让自己的悲痛彻底爆发出来。

每次桑迪都会在支持小组里不间断地应对她的悲痛。奇迹出现了，在治疗了五周之后，她的病症完全消失了。桑迪停止了治疗，重新找到一份工作并且开始修复因病症而给家庭带来的裂痕。

痛苦的现实如果不断被掩盖会造成难以置信的毁灭性后果。桑迪是个奇迹般的例子，但不去正视现实就会在不经意间毁掉很多人的生活。我们都知道那些不去接触痛苦的人是在拒绝正视他们的情感。对存在痛苦的否定会转变成身体的症状、恼怒或者其他等同于毁灭的情绪。要勇敢面对现实，相信自己不仅可以到达痛苦的彼岸，而最终还会有所收获。

所以，要乐于接受必然发生的情况，接受所发生的事实，这是克服随之而来的任何不幸的第一步。惟有学习坦然面对痛苦才能拥有真正的幸福，让生命中无可避免的困境、失败、障碍、疾病转变成创造成功、奇迹与完美的力量。威利·卡瑞尔就是这样一个可坦然面对现实的人。

威利·卡瑞尔年轻的时候，在美国纽约水牛钢铁公司做事。有一次，他到密苏里州水晶城的匹兹堡玻璃公司去安装一架瓦斯清洁机，目的是清除瓦斯里的杂质使瓦斯燃烧时不至于伤到引擎，这是当时清洁瓦斯最先进的方法。可是等他到了水晶城着手工作的时候，很多事先没有想到的困难都发生了。瓦斯清洁机经过调整后，机器可以使用了，但清除效果没有达到所规定的程度。

卡瑞尔说："我对自己的失败非常吃惊，觉得好像是有人在我肚子上重重地打了一拳。我的胃和整个肚子都开始扭痛起来。有很长一段时间，我担忧得简直没有办法睡觉。

"最后，我想，既然事实已经是这样了，不如坦然地去面对它，忧虑并不能够解决这个问题。于是我想出一个办法，结果非常有效。我这个办法，已经使用了三十多年。其实这个办法没有什么玄机，它非常简单，任何人都可以使用。共有三个步骤：

"第一，我先是无所畏惧，冷静地分析了整个情况，先找出万一失败可能发生的最坏情况是什么。没有人会把我关起来，或者把我枪毙，这一点是肯定的。不错，很可能我会丢掉差事，也可能客户会把整个机器拆掉，使投下去的两万块钱泡汤。

"第二，找出可能发生的最坏的情况之后，我就让自己在必要的时候能够接受它。我对自己说，这次的失败，在我的记录上会是一个很大的污点，可能我会因此而丢差事。但即使真是如此，我还是可以另外找到一份差事，事情可以比这更好。至于我的那些客户，他们也知道我们现在是在试验一种清除瓦斯新法，如果这种实验要花他们两万美元，他们还付得起，因为成功之后，会给他们带来很大利润。

"发现可能发生的最坏情况，并让自己能够接受之后，我马上轻松下来，感受到几天以来所没经历过的一份平静。

"第三，从这以后，我就平静地把我的时间和精力，拿来试着改善我在心理上已经接受的那种最坏情况。

"我努力找出一些方法，让我减少我们目前面临的两万元损失，我做了几次实验，最后发现，如果我们再多花五千块钱，加装一些设施，我们的问题就可以解决。我们照这个办法去做之后，公司不但没有损失两万块钱，反而还赚了一万五千块钱。"

卡瑞尔用自己的方式成功地解决了这些问题。因为他能够正视现实，坦然面对，给自己做了最坏的打算，然后，积极着手行动，最终走出了困境，这就是他取得成功的最有效的办法。只要我们都能坦然面对，忍受得住灾难和悲剧，就会战胜它们。我们也许以为自己办不到，但我们内在的力量却坚强得惊人，只要肯加以利用，就能帮助我们克服一切。

托尔斯泰说："当困难到来的时候，有人因之一飞冲天，也有人因之倒地不起。"

的确，每一个新的困难或新的痛苦，对我们来说都是一种考验。我们生命中决不会没有困难，所以有人说，生命根本就是一连串的困难，你刚刚由一种痛苦中挣扎着站立起来，接着还会有新的痛苦。然而也正是因为如此，我们才会有进步，才会有发展，我们要坦然面对现实，坦然面对生命中不可避免的一切，如果生活中没有这一连串的战斗就不会有一连串的胜利。只要我们够坚强，我们就会像参加障碍竞走那样，跑完全程，到达终点。

2. 不要扮演生活的受害者

简觉得自己在工作上处于非常窘迫的境地，迫切希望自己能够摆脱它。她把自己视为一个受害者。可怜的简！她心里不停地玩着"如果……那该多好呀！"的游戏。如果就业市场能够景气一些，她就不会遇到这样一个问题。如果她掌握了更好的技能，她就会有更多的机会。究竟是什么让简依然干着目前的工作呢？她会得到什么样的结局呢？

靠着一直充当一位受害者，简曾过了一段安逸日子。她不必去面对找新工作的过程中可能遇到的拒绝。尽管她憎恶目前所干的工作，但不去找新的工作倒也让她省心。她知道自己能够应付目前的工作，她不必对自己的竞争能力提出质疑。她可以安于现状，不必去发掘自身的潜能。这份工作相对来讲还比较稳定。

一旦简意识到了她面对的所有结果，她至少有三种选择：第一种选择就是保持现状，继续过着那种不如意的生活；第二种选择还是保持现状，但热爱自己的工作；第三种就是打破现状，找一份更称心如意的工作。

她最终是怎么做的呢？在意识到了自己可能得到的结局后，她毅然克服内心的恐惧，决定改变自己，重新找了一份新工作。她终于认识到，只要她以受害者的角色生活，她自身的力量就根本得不到发挥；她只要不以"如果……那该多好呀！"为借口，明白选择权在她自己的手中，她就能够打破现状，取得进步。

90/10 原理
Ninety/Ten Principle

坦尼娅总是病兮兮的，这极大地妨碍了她自己想做的许多事情。她时常哀叹上帝赐予自己一个羸弱的身体，而且确实把自己看成是一个"可怜的人"。她也长期扮演着受害者的角色。后来，她参加了一个心理学习班。有一次，当老师让班上的学生们列出来致使自己在有些方面止步不前的主要原因时，坦尼娅却列不出致使自己长期疾病缠身的主要原因。随后在班上其他同学的帮助下，她才恍然大悟。

他们向她指出，她日常生活中过多地关注了自己的疾病，这样做的结果只能导致她畏缩不前，不敢进行任何大胆的尝试，不敢改变自己。她开始否认这一点．但她最终承认其他同学讲的话还是有些道理的。

坦尼娅从未声称自己甘心受疾病的操纵与支配，可实际上她潜意识里知道疾病在扮演着主导角色。坦尼娅在孩童时代，满脑子想的都是疾病。当她终于认识到致使自己长年处于困境的主要原因时，当她明白自己完全可以振作起来，通过实实在在的努力来摆脱疾病的困扰时，她便迎来了人生的重大转机。

首先，她完全改变了自己的饮食习惯，并且加入了一个健康俱乐部。她紧接着做出了一项重要决定，让自己的亲朋好友来督促她，并且每逢她精神状态很好时就"奖赏"她，每逢她以病兮兮的样子出现在他们面前时，他们就别搭理她。他们按照她说的去做。她自己也积极行动起来，确立了工作目标，而且不断激励自己去实现这些目标，即便她患病时也不例外。她还开始做书本介绍的许多积极的练习，比如依靠听励志类的录音带来鼓励自己，树立战胜自我的信心。

通过对以上两个真实的例子进行分析，我们不难发现：我们每个人自身都蕴含着巨大的力量。一旦你意识到它的存在，就不难去发掘它。至于找出致使你处于人生困境的主要原因，也并不是一件难以完成的事情。

人生之中总是充满无数变数，你不可能预知下一秒将会发生什么，也无法改变你身处的环境，但是你却可以挖掘自身能量，改变自己的角色。《国际歌》中有句这样的歌词："从来就没有什么救世主，也不靠神仙皇帝，要创造人类的幸福，全靠我们自己。"

生活中的我们总是不思进取，安于现状，总是乞求命运把我们安排好，甘愿去做一个命运的乞丐。可是命运并没有好心肠，它不会施舍弱者，你只有发奋努力，去征服它、主宰它，它才会听命于你。不要总让自己扮演成生活的受害者，而要试着改变自己，有希望、有勇气、有动力，才会改变你的命运。

3．找一片适合自己的天空

招聘专员H要离职了。在她还是培训专员的时候，就喊着要离职；后来她从企业文化组调往培训组，她依然喊着要离职，直到将她调往招聘组，以为她终于可以找到一片适合自己的天空了，没想到才两个多月，看到的却是她的离职申请单。

同事小任说："不是工作的原因，而是她自己本身的性格使然。"因为曾与H共事过一段不短的时间，对她的性格、思维方式、价值观等小任还是有一定的了解。当时H负责内部讲师管理以及OJT项目推行。每次谈到工作方面，她都是抱怨某某部门不配合，某某讲师的积极性不高，某某人很难沟通等，从来不去盘点一下自己性格的缺失。当有人善意地对她的工作提出建议时，也总是会遭遇一种干涉别人工作的尴尬。她的性格是很强势的那种，但是强势应该建立在自己能力的基础上，尤其公司对培训的定位并不是一个决策部门，而是辅助公司战略实施的部门，强势必定会遭遇很大的反弹。于是乎，她的工作越来越难开展，积极性越来越差，综合各方面因素考虑，最终还是决定将她调往招聘组。

90/10 原理
Ninety/Ten Principle

　　H到公司时是由小任面试的。小任说，面试时曾问及她离开原来那家公司的原因，她回答说，和上级在对人对事的看法上有冲突。如果仅仅在一家公司如此，问题还不大。但是如果在每家公司都和同事、上级在观念和价值观不能同步，那就不是别人的问题了。

　　生活中就是有这么一些人，他们常常不满足于现状，埋怨自己不得志、工作不顺心，也曾想努力去改变，希望有朝一日能事业有成。但现实毕竟是现实，竞争是残酷的，他们往往在工作过程中一遇到挫折，就觉得是公司制度造成的，一切都是别人的错，自己在这里没有出头之日，于是意志消沉，丧失斗志，工作也失去了热情，想着再去换个环境，却很少有人能真正从自身的原因找起，没有想通过这些事情发现自己身上有哪些缺点，该如何去提高自己的综合素质，这正是我们的悲哀。其实，想要改变现状，首先应该从改变自己开始。

　　美国有位牧师，要去进行一次隆重的布道演讲，但踌躇再三，一直找不到合适的讲题，偏偏他的小孩又在边上捣乱。他就拿了一张世界地图，几下将它撕成碎片，交给小孩，说"如果你能将这张地图拼好，我给你两块钱。"小孩高高兴兴地就拿过去了。牧师心想：这张地图够孩子忙上几个小时了，自己也正好准备一下演讲。岂料过了不到几分钟，小孩就兴高采烈地跑出来，说地图已经拼好。牧师接过一看，果然一张完整的世界地图又呈现在眼前，他奇怪地问："你怎么能这么快就拼好了呢?"小孩回答："地图反面是一张人头像，我把人头像拼好了，地图当然也就拼好了。"

　　牧师一听顿然醒悟，他终于找到了布道的题目：一个人是对的，他的世界也就是对的。要让事情改变，先要改变自己；要让事情变得更好，先让自己变得更好。如果你感觉自己做事不成功，做人不快乐，生活不幸福，你首先要好好检讨的是自己，自己有没有需要改进的地方。

　　是啊，工作中的我们，要想取得事业的成功，也要首先好好检讨自己，不要总是抱怨领导给我们的薪水太少，先问问自己：我们是否付出了努力？也不必埋怨自己为何没有晋升，要先想想自己是否已能担起工作的重任？我们只有摒弃那些陈旧的、阻碍我们发展的观念，摆正自己的心态，适应工作环境，才能有所发展、有所成就。希望我们每个人都可以在工作中找到一片适合自己的天空。

4. 上帝给的礼物

乐观者与悲观者在争论三个问题。

第一个问题：希望是什么？

悲观者说：是地平线，就算看得到，也永远走不到。

乐观者说：是启明星，能告诉人们曙光就在前头。

第二个问题：风是什么？

悲观者说：是浪的帮凶，能把你埋葬在大海深处。

乐观者说：是帆的伙伴，能把你送到胜利的彼岸。

第三个问题：生命是不是花？

悲观者说：是又怎样，开败了也就没了。

乐观者说：不，它能留下甘甜的果。

突然，天上传来一个声音，也问了三个问题。

第一个：一直向前走，会怎样？

悲观者说：会碰到坑坑洼洼。

乐观者说：会看到柳暗花明。

第二个：春雨好不好？

悲观者说：不好！野草会因此长得更疯！

乐观者说：好！百花会因此开得更艳！

第三个：如果给你一片荒山，你会怎样？

悲观者说：修一座坟茔。

乐观者说：不！种满绿树。

就这么你一言我一语，针锋相对，只不过他俩都不知道，在空中提问的是上帝。

他们更不知道，就因为这场争论，上帝给了他们两样不同的礼物。

给了乐观者勇气，给了悲观者眼泪。

在生活中，我们也会常常遇到这种情况，面对同一件事情时，往往有人表现出乐观，有人则会表现得悲观，为什么会是这样呢？其实，我们所处的世界并没有什么不同，上帝给予每个人的东西都是一样的，每个人的生命中都会充满悲伤、泪水、坎坷与磨难，也常会伴有幸福、快乐、希望和成功，之所以结果不同，就是因为个人内在的处世态度不同罢了。

让我们看一个有关这两种态度的例子。琼和玛丽都是家庭主妇，她们都在四十多岁的时候，丈夫突然之间辞别人世。

琼立即陷入悲痛之中，认定自己人生的悲剧从此开始上演了。多年来，她遇到每个熟人的时候，都要泪流满面地向对方诉说自己中年丧夫的不幸，希望能够从对方那儿得到同情。久而久之，竟然没有谁再想和她在一起。她当时得出这样一个结论：哪儿都不会再邀请单身女人了。她让自己相信永远也无法再找到一个爱她的人。当然了，这一切都是她的态度和行为造成的。她丈夫生前留给她的钱只够她维持生计，她认定自己今后必须依靠那笔钱来生活了，因为她觉得像她这般年龄永远也无法找到一份工作。她曾参加过几次面试，但由于缺乏热情，她自然无法被用人单位聘用。她悲观的态度为她制造了一个"现实的"悲惨人生。

另一方面，玛丽则在丈夫去世之后，采取了一种十分乐观的态度。

在经历过丧夫带来的短暂悲痛之后，她振作起来，开始了新的生活。她打心眼里相信人们可以从任何事物中创造出好的结果。她丈夫在世的时候，也没有给她留下多余的钱财，而她则认定现在到了需要她勇敢地走出家门，靠自己的双手去挣钱的时候了。

尽管玛丽以前从未上过班，但她深信她总能从劳务市场上找到一份适合自己的工作。她过去时常做些志愿性的基金筹集工作，而且她极其喜欢这项工作。有了这种做志愿者的经历，她就开始向一个中型慈善机构的基金筹集部门提出申请，希望自己能在该部门做一个助手。在两年的时间里，她发现自己在社会上站稳了脚跟。在此期间，她感受到了以前从未感受过的那种开拓与成长的感觉。尽管她不希望自己的丈夫撒手归天，而且直到如今还时不时地思念着他，但她意识到靠着自己的自立与进取，她如今已经取得了巨大的进步。

玛丽的朋友却从不像琼的朋友那样，把她排除在自己的活动圈子之外。他们为什么不会那么做呢？这是因为玛丽总能给大家带来巨大的热情与活力。玛丽把自己的人生悲剧转变为前进动力的事迹激励着每一个人。她的乐观进取创造了一个快乐美满的人生。

从上面两个例子我们看到：没有什么是实际的或者不实际的，我们以什么样的心态去看待事物，事物就会呈现出什么样的情形。是我们的态度创造了我们自己的现实。

我在一家卖甜甜圈的商店门前见到一块招牌，上面写着："乐观者和悲观者的差别十分微妙：乐观者看到的是甜甜圈，而悲观者看到的则是甜甜圈中间的小小空洞。"这个幽默短句，却透露了快乐的本质。

人们眼睛见到的，往往并非事物的全貌，只看见自己想寻求的东西。乐观者和悲观者各自寻求的东西不同，因而对同样的事物，就采取了两种不同的态度。那么，我想问：在上帝给我们的礼物中，你会选择勇气，还是选择眼泪呢？

第 7 章：无法改变现实，就试着改变自己

5．改变你的思想

一只章鱼的体重可以达到70磅。但是，如此庞大的家伙，身体却非常柔软，柔软到几乎可以将自己塞进任何一个想去的地方。章鱼没有脊椎，这使它可以穿过一个银币大小的洞。它们最喜欢做的事情，就是将自己的身体塞进海螺壳里躲起来，等到鱼虾走近，就咬住它们的头部，注入毒液，使其麻痹而死，然后美餐一顿。对于海洋中的其他生物来说，它可以称得上是最可怕的动物之一。

但是，人类却有办法制服它。渔民掌握了章鱼的天性，他们将小瓶子用绳子串在一起深入海底。章鱼一看见小瓶子，都争先恐后地往里钻，不论瓶子有多么小、多么窄。结果，这些在海洋里无往而不胜的章鱼，成了瓶子里的囚徒，变成了渔民的猎物，变成了人类餐桌上的美味。

是什么囚禁了章鱼？是瓶子吗？瓶子放在海里，瓶子不会走路，更不会去主动捕捉。囚禁章鱼的是它们自己。它们向着最狭窄的路越走越远，不管那是一条多么黑暗的路，即使那条路是死胡同。

许多人的思想也如同章鱼，遇到苦恼、烦闷、失意、诱惑的瓶子，都喜欢往里钻。其实，在广阔的海洋里，有更值得争取的东西。一味向瓶子里挤，我们的思想也会越来越狭窄，越来越失去光亮。如果你对现在的生活不满，觉得命运对你不公，觉得自己不快乐、不幸福、不成功，想要改变现实的状况，其实你完全可以做得到，因为你是你自己的主人，只要你改变你的思想，用另一种眼光看问题，你就能改变这一切，即使命运真的对你宣判了死刑，只要你能改变思想，那么死神也会对你望而却步。台湾作家刘侠就是这样一个敢于向命运发起挑战的人。

刘侠出生在陕西省扶风市杏林镇，为了纪念她的出生地，她给自己取笔名杏林子。刘侠似乎从一出生开始，就注定了一生要与厄运为伴。在她12岁的时候，突然得了一种怪病，经医师诊断为幼年型类风湿关节炎，这是一种自体免疫系统不全而引发的慢性疾病，完全无药可治，患者等于被宣判了漫长的死刑，在死亡之前是无尽的疼痛和更加疼痛的凌迟。

这是常人无法忍受的，发起病来，简直让人痛不欲生。在她生病之后，每天看着自己的关节一个个地坏掉，渐渐不能走不能跳，身体的痛苦倒容易忍受，最大的痛苦是来自内心，她时常在想：不知像我这样既没有念过多少书，又瘫痪在床上的病人到底有什么用？我活着到底是为了什么呢？仅仅为了自己受苦、拖累家人吗？我真的要在病床上躺一辈子，永远做一个废人吗？刘侠每每被这样的问题困扰着，也因此曾想到过自杀。

她告诉自己，如果三年还不康复的话，自己就不要活了。结果，好不容易熬了三年，还是没有好！她想：好吧，再延长三年好了，如果再不好，就绝对不要活了！

但还不到第二个三年，也就是她16岁的那年，刘侠变得异常乐观和勇敢，她不仅顽强地与病痛做斗争，还学习着怎样去爱，怎样去生活。她瘫痪在床，于是就在腿上架起一块木板，颤巍巍地用两个指头夹着笔写字，每写一笔就像举重一样，要忍受巨大的痛苦，全身常常沁出一层厚厚的汗水。但就这样，刘侠凭借着自己顽强的意志写出了几百万字、二十多本的励志图书。她的作品也许称不上精致文学，却是一字一痛、一字一爱，所迸发的力量比那些精致文学还要伟大珍贵，这是她以"无用之躯"送给弱势者、身心残障者，以及无数跌倒过、在长夜里痛哭过的人的最好礼物。

当人们问她如何能够做到这些的时候，她笑着说：那时候活不下去的原因是不知道病何时会好，生命有什么意义、有什么价值？但我有了信仰以后，便对生命有了一个新的诠释：就是每一个生命，不管是老弱伤残或贫富贵贱，都是珍贵的！每一个生命都有他特定的价值。人看人是看外表——看容貌、看财富、看地位。但上帝看人是看内心，看我们有没有对自己的生命尽了本分。他不要求每一个人都拿一百分，因为他知道人的才智有高低，能力有大小之分，他只要求我们尽本分、尽了心，就够了。

刘侠在遭遇人生的巨大不幸时，没有像章鱼一样，把自己禁锢在绝望的瓶子里，而是改变了自己的思想，重新审视生与死的意义，懂得了爱和快乐才是生命的真谛，勇敢乐观地面对生活，用自己的行动创造了生命的奇迹！

所以说，一个人的思想决定了一个人的行为，而这个人的行为又会改变他的命运。反过来，人要想改变自己的命运，就需要改变自己的行为；要改变行为，那么就必须先要改变自己的思想。让我们都做一个积极快乐的人吧，不要让苦恼、烦闷、失意占据了你的心灵，我们要始终相信，每一个生命来到这个世界都是有价值的，都是珍贵的，只要我们尽我本分走好每一天，我们的人生也会变得有意义。

6. 机会靠自己去创造

　　A，在合资公司做白领，觉得自己满腔抱负没有得到上级的赏识，经常想：如果有一天能见到老总，有机会展示一下自己的才干就好了！

　　A的同事B，也有同样的想法，他更进一步，去打听老总上下班的时间，算好他大概会在何时进电梯，他也在这个时候去坐电梯，希望能遇到老总，有机会可以打个招呼。

　　他们的同事C更进一步。他详细了解老总的奋斗历程，弄清老总毕业的学校、人际风格、关心的问题，精心设计了几句简单却有分量的开场白，在算好的时间去乘坐电梯，跟老总打过几次招呼后，终于有一天跟老总长谈了一次，不久就争取到了更好的职位。

　　从A，B，C三人的表现，我们看到：愚者错失机会，智者善抓机会，成功者创造机会。

　　生活中就是这样，愚者总是会因为等待而错过了许多机会，其实，等待是一件极笨拙的行为。不要以为机会像是一个到家来的客人，它在你门前敲着门，等待你开门把它迎接进来；恰恰相反，机会是一个不可捉摸的活宝贝，无影无形、无声无息。它有时潜伏在你的工作中，有时徘徊在无人注意的角落里，你如果不用苦干的精神，努力去抓住、去创造，也许永远遇不到它。首先我们来看一个智者善于抓住机会的例子：

　　理查德过去做什么事情都总喜欢稳扎稳打。他是一个会计师，每两周收到一张公司支付薪水的支票，靠着这笔钱来养活自己、他的妻子和两个孩子。快到40岁的时候，理查德觉得自己的人生应该有更大的作为。他曾服务过的一家公司正好要变卖。那是一家规模较小的计算机公司，但它的发展前景却非常被看好。理查德把自己打算筹集资本并买下这家公司的念头告诉妻子，妻子却执意反对，她觉得这种冒险行为会严重威胁到他们家的经济安全。很显然，妻子对他成就一番事业的能力没有信心。

理查德认定自己必须放手一搏，这样才不会留下人生的遗憾。他可能会失败，但如果他不大胆尝试的话，他在后半生里只能去做他并不想做的事情。尽管妻子并不同意，但当他最终筹到那笔钱时，他毅然买下了那家计算机公司。

在这个过程中，他的家庭境况发生了急剧变化。当然，在创业的最初阶段，他需要投入大量的时间。他从妻子那儿得到的除了埋怨，别无其他，他没有得到妻子的任何支持或者鼓励。他曾对妻子说，既然他们的孩子都已经能够自己照顾自己了，她应该到公司来和他一块儿做事，但妻子断然拒绝了他。

他们的家从此变成了一个战场，当理查德发现自己每天离开家高高兴兴，回到家却愁眉不展时，他觉得到了终结与妻子的婚姻关系的时候了。直到今天，他的妻子依然认为他比较自私，缺乏爱心，其实这只是因为他并没有按妻子的规则去做事。

理查德最终与妻子分了手，并在事业上取得了巨大的成功。他在不断进步，而他的妻子却未能与他一同进步。当他回首往事的时候，他暗自庆幸自己抓住了当初的那个机会，否则他在事业上依然会无所作为。他的自我感觉越来越好。在这个过程中，他也感受到了恐惧，但他能够从容应对它，即便他需要应对的是婚姻的破裂。现在，理查德又与一位志同道合的女士走进了婚姻的殿堂，他们两在人生的道路上相互鼓励，共同进步。

如果理查德不去放手一搏抓住机会，不去坚持完成自己的梦想，那么他到现在可能还依然过着"每两周收到一张公司支付薪水的支票"的平庸生活，他的人生也可能因此留下遗憾。其实，在我们身边每天都会围绕着很多的机会，就看你有没有勇气去抓住它。如果我们要想改变自己的生活境况，做个生活的智者，就要善于抓住机会，因为机会对于每个人来说都只有一次。下面我们再来看一个成功者创造机会的例子：

华人首富李嘉诚，1942年因父亲病逝，为了养活母亲和三个弟妹，被迫辍学。开始，李嘉诚为一间玩具制造公司当推销员。工作虽然繁忙，失学的李嘉诚仍用工余之暇到夜校进修，补习文化。不到20岁，他便升任塑料玩具厂的总经理。两年后，李嘉诚看准市场，给自己创造了一个机会，用平时省吃俭用积蓄的7000美元创办了自己的塑胶厂，将它命名为"长江塑胶厂"。1958年，李嘉诚开始投资地产市场。他独到的眼光和精明的开发策略使"长江"很快成为香港的一大地产发展和投资实业公司。当"长江实业"于1972年上市时，其股票被超额认购65倍。到70年代末期，他在同辈大亨中已排众而出。

李嘉诚正是用自己的双手打开了机会之门，为自己创造了一个机会，所以他才能够取得今天令所有全球华人为之瞩目的成就。

所以，做生活的智者，就要善于抓住机会；做成功者，就必须去创造机会。因为机会从来不会因任何人的等待而到来，我们必须靠自己的双手去争取、去创造！正如斯迈尔斯所说："碰不到机会，就自己来创造吧！"

7. 学习改变人生

"环境不能造就我，我之所以成为我是因为我选择了学习的结果。"忘记了是在哪里看过的一句话，却一直觉得是很有哲理的一句话。

环境可以左右你的行为，环境可以抹煞你的意志，环境可以扼杀你的思想，环境也可以焚灭你的文字……但是环境唯一不能做的就是：不让你学习！

学习让我们知道，依靠强者是自欺，真正可以依靠的只有你自己！石缝间的小草因为不会埋怨土地的贫瘠，才能长成参天大树；山野里的鲜花因为不会吝惜华丽的春装，才能结出饱满的果实。

智者说："苦难是河水，我们都是过河的泥人。"只看到苦难的人，怀揣抱怨，永远不可能到达天堂，泪水只能加速他的灭亡。唯有挺起胸膛、勇敢去闯的人，才能沐浴到天堂的阳光！

生活中，任何一个人的成功都是他们在学习的路途中洒下辛勤汗水，在学习的航程中付出艰辛代价的成果。所以我们不要艳羡那些成功者的现实成就，不如扪心自问，自己在成功的过程中付出了多少？

全国著名相声演员郭德纲就是一个因为拼命学习而最终取得成功的人。郭德纲21岁那年从外地来到北京拜师学艺，却四处碰壁。不久之后，他和几个朋友成立了一个小俱乐部，靠在街头卖艺混口饭吃。那时候，他住在北京的郊区，从住处到市中心足足有一个多小时的车程。为了省钱，他连公交车也舍不得坐，天天都骑着自行车往返奔波穿梭，每天的行程都需要花费四五个小时。可尽管如此，他从来没有耽误过一次学艺或是演出。

几年以后，郭德纲已经红透了大江南北，有记者把他当年的这些故事挖掘出来，问他为什么能坚持到现在？郭德纲微笑着回答："我小的时候家里穷，那时候在学校一下雨别的孩子就站在教室里等伞，可我知道我家没伞啊，所以我就顶着雨往家跑，没伞的孩子你就得拼命奔跑！像我们这样没背景、没家境、没关系、没金钱的，一无所有的人，获得一次机会不容易，你还不拼命学习、拼命奔跑，那活着还有什么意思？"

"没伞的孩子拼命奔跑！"郭德纲就是凭借自己顽强的毅力，珍惜每一次难得的学习机会，才取得了今天的成就。

电影《红高粱》获得了国际大奖，它的创作者莫言也因此一炮而红。可谁又知道他的成功背后付出了多少艰辛的努力。莫言出生于山东省高密市大栏乡一个农民家庭。极左路线从50年代末期造成了农村社会的普遍贫困，他家是上中农成分，连领救济粮的资格都没有。他曾在某一年的大年三十到别人家讨饺子却遭到拒绝。经济上的贫困和政治上的歧视给他的少年生活留下了惨痛记忆。他的邻居是一位作家，发表了一部作品，换得了一些稿费，吃了一顿水饺，这让饥饿的莫言，看到了能吃水饺的幸福、满足，为了能够吃上水饺，他必须挣得稿费，就是这么简单的逻辑，于是莫言开始抱定学习的态度，像饥饿的人扑向面包，拼命地读书、写作，终于成为全国知名的作家。

虽然莫言最初的学习动机是那么的简单，甚至让人觉得有些不可思议，但是，正是因为受到这样一个单纯的目的的驱使，让莫言抱定了学习的态度，也才让他有了后来的成就。

生活中这样的例子实在太多，他们之所以能够最终取得成功，归根结底要源于知识的力量。因为只有一个抱定学习态度的人，才能最终百川归海，汇成汪洋；也只有一个抱定学习态度的人，才能最终改变自己的人生命运，过上幸福美好的生活！

8．实现人生的跨越

文学家说，勤奋是打开文学殿堂之门的一把钥匙；科学家说，勤奋能使人聪明；而政治家说，勤奋是实现理想的基石。

众所周知，学习要靠勤奋刻苦，实现人生的跨越也需要勤奋。华罗庚先生说：科学的灵感，绝对不是坐等可以等来的。如果说，科学上的发现有什么偶然的机遇的话，那么这种"偶然的机遇"只能给那些学有素养的人，给那些善于独立思考的人，给那些具有锲而不舍的精神的人，而不会给懒汉。

著名的戏曲表演艺术家梅兰芳老先生曾说："他是个拙笨的学术者，没有充分的天才，全凭苦学。"

巴尔扎克说："天才的作品是用眼泪灌溉的。"

爱因斯坦说："我没有什么特别的才能，不过喜欢寻根刨底地追究问题罢了。"

回首历史，在这些成功人士的背后，无一都离不开"勤奋"二字。哲学家罗素指出："真正的幸福决不会光顾那些精神麻木、四体不勤的人们，幸福只在辛勤的劳动和晶莹的汗水中。"有时命运就是喜欢和人开玩笑，在每个人的道路上都会设置很多障碍，就是让你经历坎坷和低谷，但只要你能坚持梦想，勤奋刻苦，就会跨过命运这道坎。

偶然间看到这样一个故事，令我很是感动。

一个小名叫毛吉的男孩，凭着自己的勤劳努力和执著追求，顽强地与时代和命运抗争，最终实现了自己的大学梦。

一次初中同学来访，当同学浏览了他在数十家报刊发表的文学作品后不禁感叹："毛吉，你真是个才子。一个初中生能考上大学，太聪明了！"

毛吉急忙纠正同学的话："你说错了，我并不聪明，我仅仅是勤奋。在艰难的人生旅途，正是勤奋帮助我跨沟过坎，帮助我实现了人生的跨越。"

1973年，尚处"文革"时期。才刚刚初中毕业的毛吉就无奈地踏上了独自谋生的征程，进入一家煤矿成了井下一线工人，饱尝了煤矿工人的艰险辛酸。那时，他与成千上万的同龄人一样，有过迷茫的苦恼，有过生不逢时的悲叹。

1977年，祖国在拨乱反正中恢复了高考制度。从此，他看到了知识的曙光，他多么渴望有机会走进大学课堂啊！当他把这个想法告诉父母时，父亲的一句话仿佛宣判了他的"死刑"："你只是个初中生，就安心工作吧。"他顿时泪如泉涌。他是多么渴望读书啊！黄金时代，他失去了读书的机会；现在机会来了，可四年的井下生活早就把他仅存的点儿墨水蒸发干了，就连过去一直夸他会读书的父亲都给他泼了冷水。"毛吉，世上无难事，只怕有心人。只要你努力，我相信你一定能考上大学。"妈妈语重心长的一句话给了他无穷的力量。

他暗下决心，决定自学，因为他相信，只要自己肯努力，就一定会跨过考大学这道坎。

但自学的道路是十分艰辛的。他不会忘记，在自学的日子里，就连他初中的老师都认为他学历太低，又离开了学校这么多年，希望渺茫，劝他不要好高骛远。回想起那些场面，他至今还禁不住悲泪盈眶。他不埋怨他的初中老师，他觉得他们说得有理，但同时也更加坚定了他自学的信念。

他一边勤恳工作，一边发奋苦读。为了实现自己考大学的梦想，他付出了太多太多。四年来，他没有进过一次电影院，没有看过一部电视剧，没有参加过一次朋友聚会，也没有请过一天假。他几乎放弃了生活中的所有娱乐，忘却了让人艳羡的爱情，淡漠了难能可贵的友情，一门心思扎到学习之中。

那时，他的口袋里总是装着一本英语小册子，走在路上时常会拿出来看上几眼，方便他记忆单词；上厕所的时间在他眼里也变得格外宝贵，每次都要在手上捧上一本书，为了巩固知识；没有人教，他就把课外辅导书当成他最好的老师，对同一个问题如果这本书没有看懂就再翻阅另一本，直到看懂为止；即使是大年三十他也是独自待在自己的陋室里专心读书。

终于在恢复高考的第二年，他第一次走进了考场，虽然名落孙山，但他并没有气馁；虽然与落败的众多应届毕业生一样遭受到冷嘲热讽，但他没有改变自己考大学的信念。屡败屡考，在经历了三年高考失败的严峻考验之后，第四年他终于敲开了大学校门。大学毕业后，不仅工作上得心应手，而且他的散文、诗歌、小说和书法作品也在《文学报》、《杂文报》、《半月谈》等数十家有名的报刊发表了。

毛吉，一个虽然只有初中文凭的人，却完全凭借自己的勤奋和毅力跨过了大学这道坎。而这次最关键的跨越，帮他赢得了后来极其宝贵的学习机会，从而登上了人生更高的起点，实现了人生一次又一次的跨越。生活中的我们为何不能学习毛吉这种精神呢？人生的路固然艰难坎坷，但勤奋足以帮助每一个人跨过命运这道坎。只要你能锲而不舍，百折不挠，执著追求，就一定能不断进步，不断实现自己人生的一次次跨越！

第8章

不要给自己抱怨的机会

　　美国作家海伦说："抱怨只会使心灵阴暗，爱和愉悦则使人生明朗开阔。"抱怨，会让我们陷入一种负面的生活、工作态度中，常常在他人身上和外界事物找缺点。不抱怨的人一定是最快乐的人，没有抱怨的世界一定最令人向往。不要给自己抱怨的机会，用积极的心态面对世间一切，我们自然也会成为快乐的人。

1. 不抱怨的人，更容易收获快乐

许多同学去拜会大学教授，起初大家相谈甚欢，然而说着说着，学生们的话题便转向了抱怨，他们抱怨生活的压力和功课的负荷。

这时，教授不动声色地从厨房里取出了许多个不同质地、不同形状的杯子，其中有陶质的、有瓷质的、有木质的、有玻璃的，也有塑胶的。教授让同学们自己取杯子倒水喝。杯子被取得七七八八后，托盘上只剩下一些粗陋的杯子。

教授这时微笑着说："你们瞧，所有细致、古朴、玲珑、美丽的杯子都被拿走了，剩下的，全是让人瞧不上眼的塑胶杯。现在，我想问的是：你们选杯子的目的是什么？"

学生们异口同声地说："喝水呀。"教授又问："既然是喝水，那为什么你们在意盛水的器皿呢，随手拿一个不就可以了吗？为什么还要刻意选好的、美的、精致的？"学生们被问得哑口无言。

这时，教授正色说道："主副不分而又什么都想一手抓的心态，正是造成压力的主因，你们喝的是水，执意要选美的杯子，甚至在选不上好的杯子时，心生怨意。"

这就和生活一样，生活就是水，而其他的一切，仅仅只是盛水的杯子罢了。如果我们把所有的注意力放在杯子上，那么我们便没有时间和心情去品尝和享受杯中水的美好滋味，我们也就不会快乐了。

生活中，总是听到有人在抱怨，工作、家庭、金钱，甚至爱情，本来该是生活的快乐所在，却变成了背上的枷锁。习惯面无表情的生活，习惯让自己的心很硬很硬，甚至忘记了这个世界上还有一种东西叫幸福。

兰是一家商场的售货员。两个月前，兰遇到了人生中最烦心的几件事，家庭、事业、健康等等，虽没有逐一摊上，但只其中一两件也足够消耗兰大量的心血了，伤神、伤身、伤心、伤财，还要伤及牵挂她的人。家人和兰一样是当局者，心中委屈无处诉，只好全盘甩给朋友。那时的她像在理一团乱线，心急、心乱，而且越理越乱。人生遇事不怕，怕的是没有平心静气处理事情的那份心情，所以常常会气急心焦，明知己所不欲勿施于人，可有时就是控制不了自己的情绪。于是，稍遇不顺，便会难免迁怒于别人，有时遇到一些难缠、罗嗦的顾客，兰便总免不了向旁人埋怨一番。

一日，她又向朋友倒苦水，朋友真的好度量、好耐性，等她通通地罗嗦一遍后，朋友只说"不要抱怨"，简简单单四个字，兰怎么也不会领会的，觉得自己甚是无趣。隔了几日，一天下午，一个让人心烦的顾客走后，兰又想埋怨，只是突然间，欲说的话走回了心底，沉淀下去。沉淀后的心如水澄清，透着折射的光，如打开了的心灯，亮了，眼前竟然阳光一片，不觉一天的坏情绪一扫而光。

其实快乐很简单，只要你丢掉抱怨，调整心态，所有乱如麻的事情也就迎刃而解了。

快乐也许只是一种生活态度，一种生活习惯。心理学博士凯伦·撒尔玛索恩女士说："我们的生活有太多不确定的因素，你随时可能会被突如其来的变化扰乱心情。与其随波逐流，不如有意识地培养一些让你快乐的习惯，随时帮助自己调整心情。"

快乐来自对所做事情的看法和认识。同样是拎重物，扛行李的人和运动健身的人感觉就是不同，扛行李的人往往认为是苦难，他们想方设法减轻重量。健身的人认为是快乐，他们会尽可能地增加负荷。爬楼梯和登山是如此，同事挑毛病和指点也是如此。观念的转变往往是快乐的来源。

快乐是做自己应该做的事。自己想做的事往往是自己应该做的事。做好这些事情，往往人能够得到很大的满足。

快乐是做好自己能做的事。做好这些事情，就能够一点儿一点儿地充实人的信心。

连一无所有的人都可以快乐，我们为什么不能？

有太多的抱怨，就不容易领略快乐。可以说，是过多的羁绊使我们闭上了能够发现快乐的眼睛。

快乐不是单向的，同时可以感染环境，传染给他人。快乐的人更能够得到社会的接受，也更容易建立和谐的人际关系。

很多人都误以为，名人没有烦恼，或者说成功人士快乐会多一些。

其实，快乐与否与金钱没有关系，与成功没有关系。那只取决于健康向上的心——乐观、上进、宽容。

所以，我们无需抱怨，只要能够拥有一颗健康向上的心，我们就会随时随地收获快乐。

2．学会以德报怨

魏国边境靠近楚国的地方有一个小县，一个叫宋就的大夫被派往这个小县去做县令。

两国交界的地方住着两国的村民，村民们都喜欢种瓜。这一年春天，两国的边民又都种下了瓜种。

不巧这年春天，天气比较干旱，由于缺水，瓜苗长得很慢。魏国的一些村民担心这样旱下去会影响收成，就组织一些人，每天晚上到地里挑水浇瓜。

连续浇了几天，魏国村民的瓜地里，瓜苗长势明显好起来，比楚国村民种的瓜苗要高不少。

楚国的村民一看到魏国村民种的瓜长得又快又好，非常嫉妒，有些人晚间便偷偷潜到魏国村民的瓜地里去踩瓜秧。这令魏国村民很是气愤，决定到楚国村民的瓜地里去踩他们的瓜秧。宋就知道了这件事，便把愤怒的村民请到自己家。

宋县令先请村民们消消气，让他们都坐下，然后对他们说："我看，你们最好不要去踩他们的瓜地。"村民们气愤已极，哪里听得进去，纷纷嚷道："难道我们怕他们不成，为什么让他们如此欺负？"宋就摇摇头，耐心地说："如果你们一定要去报复，最多解解心头之恨，可是，以后呢？他们也不会善罢甘休，如此下去，双方互相破坏，谁都不会得到一个瓜的收获。"村民们皱紧眉头问："那我们该怎么办呢？"宋就说："你们每天晚上去帮他们浇地，结果怎样，你们自己就会看到。"

村民们只好按宋县令的意思去做，楚国的村民发现魏国村民不但不记恨，反倒天天帮他们浇瓜，惭愧得无地自容。

这件事后来被楚国边境的县令知道了，便将此事上报楚王。楚王原本对魏国虎视眈眈，听了此事，深受触动，甚觉不安，于是，主动与魏国和好，并送去很多礼物，对魏国有如此好的官员和国民表示赞赏。

魏王见宋就为两国的友好往来立了功，也下令重重地赏赐宋就和他的百姓。

这就是我们通常所说的"以德报怨"。故事中如果楚国县令以怨报德，那对施善者魏国村民心灵的伤害则是无以复加的，也必然激起他们心中的仇恨。而宋就却能采取以德报怨、以善待恶的做法，表现了他的度量和大仁大义的厚德，最终使得两国人民卸下仇恨，免于战争，过上安定幸福的生活。

牙齿与嘴唇是"亲兄弟"，可牙与唇也有"打架"的时候，同样，生活中人与人的摩擦也是在所难免。面对人与人之间的纠葛和矛盾，我们要怎样处置呢？不同的处理方式往往会产生截然相反的效果。相视一笑化干戈，以德报怨，疙瘩、纠缠迎刃而解；冤冤相报何时了，以怨报怨，怨恨必然越积越深。下面我们再来看个关于以德报怨的故事：

一次，有一个和尚在返寺途中，突然雷声隆隆，天下起了大雨。雨势滂沱，看样子短时间内不会停止，"怎么办呢？"和尚着急四望，所幸不远处有一座庄园，只好拔起脚步去求宿一宵，避避风雨。

庄园很大，守门的仆人见是个和尚敲门，问明来意，冷冷地说："我家老爷向来和僧道无缘，你最好另做打算吧！"

"雨这么大，附近又没有其他的小店人家，还是请您给个方便。"

和尚恳求着。

"我不能擅自做主，等我进去问问老爷的意思。"仆人入内请示，一会儿出来，仍然不肯答应，和尚只好请求在屋檐下暂歇一晚，结果，仆人依旧摇头拒绝。

和尚无奈，便向仆人问明了庄园主人名号，然后冒着大雨，全身湿透奔回了寺庙。

三年后，庄园老爷纳了个小妾，宠爱有加。小妾想到庙里上香祈福，老爷便陪着一起出门。到了庙，老爷忽然瞥见自己的名字被写在一块显眼的长生禄位牌上，心中纳闷，找到一个正在打扫的小和尚，向他打听这是怎么回事。

小和尚笑了笑说："这是我们住持三年前写的，有天他淋着大雨回来，说有位施主和他没有善缘，所以为他写了一块长生禄位。住持天天诵经，希望能和那位施主解冤结、添些善缘，至于详情，我们也都不是很清楚……"

庄园老爷听了这番话，当下了然，心中既惭愧又不安。后来，他便成了这座寺庙虔诚供养的功德主，香火终年不绝。

这是一位老和尚最喜欢讲的一个改造"恶缘"的故事。世界说小不小，说大不大，人生何处不相逢。胸襟宽大肚量能容的人，明了"大恩与大怨，人我原无两"的道理，环境与他人施与自己的一切恩怨，都能激励启发自己，恩与怨都是成就事业的助缘。相反地，心胸褊狭的人，除了求一时之快以外，积累恶缘阻绝善缘，结果只有逐渐封闭自己未来更多可能的路向。

所以，生活中我们也要学会以德报怨、以善待恶，原谅那些无心之过或是有心之计的人，或许，要如故事中宋就和那位住持般的胸怀修为可能不易，然而"高山仰止，景行行止，虽不能至，心向往之"，以此为人生成长的标竿之一，则个人的道路，自然也就无限宽广了！

3. 给爱一个空间

幸福总围绕在别人身边，烦恼总纠缠在自己心里。这是大多数人对幸福和烦恼的理解。

寻找幸福的人，有两类。

一类像在登山，他们以为人生最大的幸福在山顶，于是气喘吁吁、穷尽一生去攀登。最终却发现，他们永远登不到顶、看不到头。他们并不知道，幸福这座山，原本就没有顶、没有头。

另一类也像在登山，但他们并不刻意登到哪里。一路上走走停停，看看山岚、赏赏虹霓、吹吹清风，心灵在放松中得到某种满足。尽管不得大愉悦，然而，这些琐碎而细微的小自在，萦绕于心扉，一样芬芳身心、恬静自我。

其实我们每个人的一生都在寻找自己心中的幸福，有的人生活富有本来应该很幸福，却仍在抱怨得到的太少，穷尽一生苦于攀登，这是第一类人；有的人生活简单贫困，却因为满足反而觉得很幸福，他们能在轻松中享受人生，这是第二类人。对于心灵来说，人奋斗一辈子，如果最终能挣得个终日快乐，就已经实现了生命最大的价值。

城东商业街可谓是小城里最雍容华丽的地方，很多花钱的顾客也似乎在购买时根本不考虑价钱。有些人却必须例外，只能饱眼福，无力购买。"铃，铃……"清脆的响声，一辆绝对可以用锈迹斑斑来形容的低矮的自行车穿越人群，穿越世俗的虚浮。一个高瘦的小伙子，朴素而略带退色的衣着无法掩盖他的端庄和自信，脸上露着幸福的甜蜜。坐在他后面的女孩则更加撩人思绪，清纯脱俗，飘然长发，飘着她和男孩未来的梦想。她亲昵地紧搂着男孩，男孩则稳重地"驾驶"自行车。他们不顾一切的目光，破旧的自行车承载着平凡的幸福……看到眼前的景象，不觉让人豁然开朗，生活的幸福与物质无关。而有些人则不同，非要把幸福和权力、靓车、洋房捆绑，不能拥有便埋怨生活捉弄人生。把幸福与权力和物质的回报相捆绑，就一定是爱了吗？

其实不然，要提升爱的感受度，必须先给自己爱的深刻体验，给予自己更多优质的爱。这不是说给自己多大的娱乐或物质满足可以达到的。说到底，爱是心灵的食粮，必须开放自己的心灵才能得到。大家都清楚地知道，再多的财富充其量只能买到陪伴，但买不到真正的爱，不能温暖人心。

一个因车祸而腿脚残疾的人曾亲口说过："我没有必要抱怨老天非要夺取了我的健康和财富，至少它还给我保存了生命，珍惜现在的拥有便是快乐。"就像汶川大地震，一周年已逝，我们谁都不会忘记那场殇痛，我们只需要逝者安息，生者坚强快乐，我们不需要抱怨天地无情，不需要为今后的生活埋下仇恨的种子。

忽然发觉这个世界上的许多东西都是免费的，包括阳光、雨露、空气，包括友情、亲情、爱情……我们为什么不好好珍惜呢？又有什么理由去抱怨生活呢？爱自己、爱别人、爱生活，不要让抱怨、仇恨占据了你原本纯净的心灵！

不要抱怨我们失去太多、得到太少，生活总会充满阳光；不要抱怨生活像一座牢、周而复始地生活，生活总会满是希望。生活的一切属于你、属于我、属于所有活着的人。

一颗心本已装着喜、怒、哀、乐……装着人世间一切琐碎的事情，如果再加上那么多的抱怨，小小的空间自会变得格外拥挤，原本占了多半个空间的爱也被挤到小小的角落里，蜷缩着，透不过气来，心也就会生病了。

但只要我们能够丢掉了抱怨，你的心就会宽阔得能张开双臂拥抱着爱。

学着丢掉抱怨，给爱一个空间，去爱所有的人、事、物，爱你能爱的一切，爱你的家人、朋友，和你擦肩而过的人，甚至包括爱你的敌对者。一句简单的话，人人皆知"有得必有失"，反过来读是"有失必有得"，几人能悟，几人幸福。丢掉抱怨，付出爱，得到最真实的快乐。

4. 只是一只空船

大诗人艾青说："即使我们是一支蜡烛，也应该蜡炬成灰泪始干；即使我们是一根火柴，也应该在关键时刻有一丝光亮。"诗人臧克家说："有的人死了，他还活着；有的人活着，他已经死了。"芸芸众生，每个人的人生不尽相同，每个人思考问题的角度也不尽相同，那么我们该如何度过自己的人生呢？

常常听见有人抱怨，为什么我的容颜不是国色天香，为什么今天天气这么糟糕，为什么我生活在这么贫穷的家庭里，为什么老天爷这样对我……为什么要抱怨这抱怨那呢？生活本来就不是事事如意，生活本来就不会十全十美，相反，起起落落，悲欢离合才是家常便饭。俗话说的好：愁一愁，白了头；笑一笑，十年少。不要抱怨，每个人的人生都不会是一帆风顺的，而正是因为有这些波波折折，才练就出异彩纷呈的人生。

如果能常换个角度来看问题，你会很容易发现自己的人生照样很精彩。你不能改变容颜，你何不想一想放纵笑容；你不能改变天气，你何不改变心情；你不能改变贫穷的家庭，你何不努力改变自己的人生方向；你不能改变老天爷，你何不改变自己。俗话说：风雨之后才见彩虹。人生也是如此，历经磨练往往能造就精彩的人生。

中国的一位作家来到美国，他看见一个卖花的老太太总是很高兴，很是奇怪。他就挑了一支花问："您为什么总是如此地开心呢？"老太太的回答使作家愣住了。"耶稣被钉在十字架上是全世界最黑暗的一天，可三天后就是复活节。一切的烦恼只要等待三天不就烟消云散了吗？"作家为老太太的回答而感动，一位老太太竟能这样洒脱地看待人生，竟能把人生看得如此透彻。

生命中难免有沉重不堪的时候，但它们并非不可承受，抱怨、偷懒、选择舒适的方式也许能获得一时安逸，但遇到考验的时候，你会发现，那个沉重的十字架正是通往欢乐的桥梁。

有一则古老的寓言，或许可以给我们一些启示。有一个年轻的农夫，划着小船，给另一个村子的居民运送自家的农产品。那天的天气酷热难耐，农夫汗流浃背，苦不堪言。他心急火燎地划着小船，希望赶紧完成运送任务，以便在天黑之前能返回家中。突然，农夫发现，前面有一只小船，沿河而下，迎面向自己快速驶来。眼看两只船就要撞上了，但那只船并没有丝毫避让的意思，似乎是有意要撞翻农夫的小船。

"让开，快点儿让开！你这个白痴！"农夫大声地向对面的船吼叫道："再不让开你就要撞上我了！"但农夫的吼叫完全没用，尽管农夫手忙脚乱地企图让开水道，但为时已晚，那只船还是重重地撞上了他的船。农夫被激怒了，他厉声斥责道："你会不会驾船，这么宽的河面，你竟然撞到了我的船上！"当农夫怒目审视对方小船时，他吃惊地发现，小船上空无一人。听他大呼小叫、厉声斥骂的只是一只挣脱了绳索、顺河漂流的空船。

在多数情况下，当你责难、怒吼的时候，你的听众或许只是一只空船。那个一再惹怒你的人，决不会因为你的斥责而改变他的航向。而你只会把他制造的麻烦转变成你的烦恼，使你陷入无尽的烦闷悲伤之中。

其实，只要我们变换角度思考问题，在遇到挫折、困难的时候，把你面前的敌人想象成一只空船，停止抱怨，并想办法去克服它，你的人生就不会轻易被"风雨"所击倒。

5. 上帝不会偏爱任何人

柳玫大学毕业后去一家向往已久的公司应聘信息员职位。一路上过关斩将，终于到了老板面试这一关。谁知那位老板只是和她简单地交谈了几句，看了看她的简历，就说："对不起，我们不能录用你——你连自己的简历都保管不好，我们怎么放心把工作交给你呢？"

原来早上临出发时，柳玫走得急，一不小心碰翻了茶杯，溅湿了简历，再重做一份已经来不及了，她只好带着那份留有水渍、皱巴巴的简历前来应聘，谁知问题就出在了这上面。

这能怪谁呢？回家后，柳玫心里虽然有一丝失望，但并没有抱怨，没有埋怨那个老板的"小题大做"。于是，她非常认真地用钢笔抄写了一份简历，并决定给那家公司的老板写一封信。她在信中写道："贵公司是我心仪已久的单位。您对我的近乎苛刻的要求，正反映了贵公司在管理上的认真与严谨，精益求精，这也是贵公司长久以来保持兴旺发达之所在。我一定铭记您的教诲，在今后的工作中尽心尽责，一丝不苟。"柳玫这几句发自肺腑的话语和详略得当的简历，以及娟秀清丽的笔迹，让公司老板顿觉眼前一亮，当即打电话通知她第二天来公司报到。

可能很多朋友在求职过程中都遇到过类似的事情，当用人单位对你表现出不公正的待遇后，你是怎样去做的呢？柳玫的做法无疑是正确的，因为她首先想到的不是抱怨老板的不近人情，而是立刻采取补救措施，为自己制造新的机会，最后才能应聘成功。

因此，生活中我们不要抱怨自己受到的不公平对待，"存在就是合理的"，你所受到的待遇是有它"存在"的背景、条件和原因的。因为世界上永远没有绝对的公平或不公平。如果不能摘下个人感情的有色眼镜，保持端正的心态，用潇洒豁达的人生态度去生活、去面对，那么你将永远找不到公平，永远活在抱怨的天空下。

曾经有一个很富有的地主，他是一个守财奴，在那个以土地为富的时代，他把自己的大部分钱用于广置田亩，他拥有的土地越来越多，以至于骑马一天也看不完他的田地，而他的年龄却越来越老。终于有一天，他感觉到自己将不久于人世，遂请人在自己的田地里挖了一块墓地，并让人抬到墓地，想看看自己最后的归宿。当他看到属于自己的那么一小块最终安息之地，再环顾一下周围自己购置的广阔田地时，感慨万千：一生拥有那么多钱财，而最终属于自己的就是这么一块很不起眼的墓地啊！这与任何一个穷人也没有什么两样！想起自己几十年的风雨人生、辛勤奋斗，添置了无数的家产，却最终不能带走任何一点儿东西。

是啊，上帝对我们每个人都是公平的，上帝不会偏爱任何一个人，不管你是富人还是穷人，无论你是男人还是女人，上帝只给每个人一个脑袋、两只手、一双脚。当上帝在造人时，看来并不是随意的，他要所有的人一出生就哭泣，是想让所有的人从小时起，就要历经风雨和磨难才能长大成人。

第8章：不要给自己抱怨的机会

也幸亏上帝是公平的，幸亏上帝没有偏爱任何人，所以平民出身的林肯才能高登美国总统宝座，促使他恢复联邦、废除奴隶制，开创了美国历史新纪元；身坐轮椅的罗斯福也才能问鼎白宫，成为20世纪美国最孚众望和受爱戴的总统，也是美国历史上惟一连任4届总统的人；黑人安南也才能进入联合国，担任联合国秘书长，主持着联合国的事务。

上帝给了我们同样的天空，给了我们同样的时间，给了我们同样的躯体，让我们站在同样的大地上，就是想告诉我们，我们其实都是上帝的子民，谁也没有多占便宜。如果说有谁在没有经过自己努力的情况下，拥有了比别人更多的先天的优势，那肯定是因为世上有人误会了上帝的意思。如果有人总是想占尽所有的好处，那么他受到上帝惩罚的日子也就不远了。

6．抱怨与借口

艾丽斯一直到三十岁依然没过上自己想要的生活，她对自己的状况很不满意，总是找到各种各样的借口来解释这一切。

后来她经人推荐去见了一位智者。艾丽斯向他倾诉了自己对生活的不满。那位智者沉思良久，默然舀起一瓢水，问：这水是什么形状的？艾丽斯摇头说：水哪有形状？智者没有说话，只是把水倒入一个杯子。艾丽斯恍然大悟：我知道了，水的形状像杯子。智者还是没有说话，又把杯中的水倒入旁边的花瓶。艾丽斯说：水的形状像花瓶。智者摇头，轻轻提起花瓶，把水倒入一个盛满沙土的盆中，清清的水便一下溶入沙土中不见了。艾丽斯陷入沉默与思索。智者低身抓起一把沙土，叹道：看，水就这么消失了！

艾丽斯对智者的话咀嚼良久，她困惑地说：我觉得生活就像一个个规则的容器，自己就像水一样，盛进什么容器就是什么形状。而且还极可能在一个规则的容器中消失，就像水一样。

艾丽斯说完，盯着智者的眼睛，她想要得到智者的肯定。

智者点点头对她说：你现在的心情很容易导致你这样的想法，但我要告诉你的恰恰相反。并不如你所想！事实上那些有形的容器正是你，而你的生活正如杯中的水。生活本是无形的，正是你自己的思想决定了你的生活。

艾丽斯恍然大悟！

许多人在生活中都是一遇到困境就抱怨，而且还为这样的生活状态寻找一些不同的借口，这不但于事无补，有时还会使事情更糟。不管现实怎样，我们都不应抱怨，而要靠自己的努力来改变现状并获得幸福！

居里夫人曾经说过："失败者总是找借口，成功者永远找方法。"在失败面前，人们总能找出种种借口，编织各种各样的理由，来掩饰自己的懦弱、错误和无能。在日常生活、工作中，总是充斥着这样那样的借口和抱怨。

表面看来，他们似乎很有道理，借口背后却隐藏着他们对困难的妥协和对生活的迷惘。很多人甚至会在事情开始之前就为日后的失败准备好借口或理由，以免到时候自己受不了打击而临阵脱逃。

比尔·盖茨说：一个善于为失败准备借口的人，无论怎么掩饰，都是一个不折不扣的懦夫！翻开历史，看看身边，哪个成功人士没有经历过失败？

发明大王——爱迪生为了寻找做灯丝的最好材料曾做了一千多次实验，并且都失败了。有一邻居嘲笑他："你怎么做一千多次实验都失败了？"爱迪生说："我不是发现了一千多种不适合做灯丝的材料了吗？"爱迪生能换个角度看待失败，深信一定能获得最合适的材料，正因为有这样的自信，所以能不懈努力，最后终于获得成功。人生如梦，成功则是一个不断失败而最终胜利的游戏，与其怨天尤人，哭天抢地，何不鼓起勇气，向命运回击？

台湾残疾画家谢坤山，似乎生来就和好运无缘，而与霉运结伴，倒霉了一次又一次，也倒霉得一塌糊涂，简直成了"倒霉家"。

由于家境贫寒，没钱供他读书，所以谢坤山很早就辍了学。不过，生活贫困也使他早熟，很小就懂得父母的劳苦与艰辛。因而从12岁起，他就到工地上打工，用他那稚嫩的肩头支撑着这个家。然而命运偏不垂青这个懂事的孩子，总将灾难一次次降临到他的头上。16岁那年，他因误触高压电，失去了双臂和一条腿；23岁，一场意外事故，又使他失去了一只眼睛。随后，心爱的女友也悄然离他而去……

面对人生接踵而来的打击，谢坤山并不抱怨，也没有因此沉沦。但为了不拖累可怜的父母，也为了不拖垮这个特困的家庭，他毅然选择了流浪。带着一身残疾上路，独自一人，与命运展开了博弈。在流浪的日子里，谢坤山一边忙于打工，挣钱糊口；一边忙于公益，救助社会。后来，他渐渐地迷上了绘画，他想重新给自己灰色的人生着色。

起初，谢坤山对绘画一无所知，他就去艺术学校旁听，学习绘画技巧。没有手，他就用嘴作画，先用牙齿咬住画笔，再用舌头搅动，嘴角时常渗出鲜血。少条腿，他就"金鸡独立"作画，通常一站就是几个小时。他尤爱在风雨中作画，捕捉那乌云密布、寒风吹袭的感觉……然而就在他人生最困顿的时候，一个名叫也真的漂亮女孩，不顾父母的强烈反对，毅然走进了他的生活。

有了一个支点，从此谢坤山更加勤奋作画，到处举办画展，作品也不断地在绘画大赛中获奖。苦心人，天不负。后来，他不仅赢得了爱情，有了一个幸福美满的家；而且赢得了事业，成为很有名的画家；同时也赢得了社会的尊重。他的传奇故事，在台湾早已家喻户晓，成为无数青年的楷模。曾有人问他："假如你有一双健全的手，你最想用它做什么？"他笑着说："我会左手牵着太太，右手牵着两个女儿，一起走好人生的路。"

谢坤山就是这样一个不肯轻易向命运低头的人，当命运之门关闭时，他却转身找到了属于自己的那扇窗。其实人生就是一场战斗，假如你因为胆怯、懒散而害怕人生的战斗，拒绝人生的战斗，随波逐流，那么你就已经输在了起点。何况很多时候拒绝是没有用的，你还会因为生存压力、生活需要，自然地逼迫你参加到战斗之中，结果当你被动地接受这场战斗时，你也很可能会成为一个战败者。你还不如主动出击，选择有利于你的人生战场，去打一场真正的人生战争，去争取胜利。

所以，当我们遭遇困难和挫折时，不要一味地怨天尤人，因为等待你的，可能是一片更宽广的天地。不要给自己的失败找借口，不要抱怨命运的不公，因为只有百折不挠、自强不息，才有可能走向成功，创造奇迹。

7. 不要抱怨你的父母

人是不能选择出身的，所以不应该抱怨你的父母！父母是深爱着孩子的，我们应该学会感恩。在所有的爱中，父母之爱是最伟大最无私的，这种爱不求任何回报。只要是孩子需要的，父母都一定会竭尽自己所能去满足，哪怕是要牺牲身体或是生命。然而，有的人经常抱怨父母的无能与贫贱，甚至在公众场合不敢认其父母，惟恐有失身份遭人鄙视小瞧。殊不知，有的人想认其父母却历经艰难，想认而不敢认，足足等了六十年才得以实现。更令人遗憾的是，当他能够认祖归宗的时候，父母双亲均已告别人世。

2002年推动"春节台商包机"并斡旋协商成功的章孝严先生逐渐走进了人们的视野。他和胞弟孝慈的身世不仅引起海峡两岸的关注，而且引起了国际媒体的震撼。美国的《纽约时报》和《洛杉矶时报》均以显著的版面和篇幅进行了专题报道。章孝严兄弟是蒋经国和章亚若女士的儿子，这一事实终于尘埃落定，公诸于世。

1942年8月，章亚若抛下仅有几个月大的双胞胎孝严、孝慈兄弟撒手人寰，孝严兄弟的命运也因此发生了巨大转折，他俩成了无父无母的孤儿，只能由外婆一家抚养长大。

在他们的记忆里，对母亲没有任何印象，对父亲也是一无所知。直到念高中时，他们才从外婆那里得知，自己的亲生父母是谁。然而，面对人们的询问，他们却只能敷衍一番，绝不能告诉别人事实的真相，更不敢确认别人的猜疑。就这样，章孝严兄弟俩带着被世人怀疑的目光，背负着巨大的心理压力，一路扶持，相伴走来。他们的人生旅途充满了荆棘，每一步都是崎岖难行。

外婆告诉他们，要比别人认真，比别人吃苦，才会有机会靠本事站起来，才能真正顶天立地地做人。事实证明，他们兄弟俩也的确非常争气，从小就咬着牙忍受生活的风霜，并逐渐习惯了生活带给他们的种种困难。

上小学的时候，家贫买不起鞋，外婆亲自缝面纳鞋底做布鞋。有时候，他们穷的连米钱也付不出，米店也不肯给他们赊账了。他们上大学时，家中经济依然拮据，总是无法及时付清学费和生活费，只能拖拖欠欠，总算把书念完。

后来，章孝严成为台湾地区著名的政坛名星，孝慈成为台湾"东吴大学"校长。尽管如此，他们依旧不能认祖归宗，不能回到蒋家，甚至"章"姓也不能顺利改为"蒋"姓。他们为了保住蒋家的声誉，无辜地做了巨大的牺牲，但即使是功成名就后依然还要继续在蒋家门外徘徊，不能承认自己的亲生父亲。当孝严终于能够顺利地认祖归宗，可以毫无顾忌地说出自己的身世时，父亲却也不在人间了。

想想这些年来的生活，真可算是人世间的悲哀。本来，以蒋家显赫的地位，这对孤儿似乎应该得到舒适的照顾，享有豪门的富贵，然而，历史却和他们开了一个不小的玩笑。迫使他们从小生活困苦，隐姓埋名，家徒四壁，连最基本的父爱母爱都没有，甚至长大以后连父母双亲是谁都不敢承认。如果没有外婆的辛勤养育，如果没有他们自己的努力和要强，也许他们早已在贫病交迫中过世或者过着流离凄惨的人生。

如果说去抱怨，孝严兄弟应该是最有资格的。但是，孝严兄弟没有抱怨人世间的凄凉，没有抱怨"无情"的父亲和早逝的母亲，没有抱怨这么多年无父无母给自己生活带来的种种艰辛，而是能够勇往直前，将悲苦化为大爱，用自己的努力逆转了自己的人生，并为社会为国家做出了杰出贡献。

尽管有时面对不公的身世待遇，我们无力回天，但是有些东西完全是自己可以把握的，这就是自己的信念、忍耐和努力。孝严兄弟用自己的行动向世人证实了这一点，我们能够把握自己的人生，只有学会不抱怨人生，才能勇往直前。

传说深山里面住着一位智慧老人，他能预测未来。几个调皮的小孩就想戏弄一下这位老人。他们抓着一只鸟去到老人那里，问老人："你不是能预知未来吗？请问我手上的这只鸟是死的还是活的？"

老人回答："如果我说这只鸟是死的，你手一松，这只鸟就会飞掉；如果我说这只鸟是活的，你就会将它掐死。这只鸟的命运，掌握在你的手上。"

这只鸟的命运就是我们人生的命运，它就掌握在我们自己手上，不要抱怨父母没有为我们铺就出一条通往成功的路，不要抱怨没有显赫的身世带给自己一生的繁华富贵，我们应该怀揣一颗赤诚的感恩之心来回报父母，因为无论他们贫穷与富贵，优雅还是低俗，都是他们赐予了我们生命，让我们看到了这个绚丽多彩的世界。我们要感谢他们，是他们一直用温暖的羽翼保护着我们，是他们一直赐予我们力量，是他们对我们永不言弃，一次次在十字路口为我们标明前进的方向，才能让我们有坚持的勇气拼搏人生，才能最终取得一次又一次的成功！

8. 抱怨不如去改变

在我们这个丰富多彩的社会，不会让所有的人都生活得富足自在。总会有一些人生活得不如意，而这样的人就存在我们的身边。他们的人生充满了抱怨。抱怨自己没有从事一份好职业，抱怨自己没有宽敞明亮的房子，抱怨自己没有一个能上天通地的父辈，抱怨自己从事的工作辛苦而且薪水少得可怜，抱怨自己没有发挥出自己的最大能量……当然，生活的确有很多的遗憾，但也不要抱怨，纵然你面临的全是不幸，也不要抱怨，没有一个人的生活是完美无缺的，如果你老是陷入抱怨的沼泽中不能自拔的话，就永远不能前进，而且使你生活在一种身心俱疲的状态之中。

当一个人把抱怨当成习惯的时候，那是非常可怕的，因为抱怨对别人没有任何好处，对自己也是如此。相反，如果我们对自己的生活无怨无悔，这本身就是一种幸福，我们怎么能让坏心情来左右我们的心理呢。

有些人常常抱怨命运不公，却不看看自己为理想都做了什么，我们索取的总想比付出的大。其实，只要放平心态，拿出行动，你一样也能活得很好。

今年刚满30岁的苏珊是美国一家化妆品公司的创办人。小时候，她和奶奶一起生活在乡下。奶奶开了一个小杂货店，为人慈祥又和气，邻居们都喜欢和她聊天。每当那些喜欢抱怨、爱发牢骚的邻居到商店买东西时，奶奶总是会把苏珊拉到身边，让她看自己和邻居说话。

有一次，邻居爱普生前来买香烟。奶奶问他："今天怎么样啊，爱普生老兄？"

爱普生长叹一声说道："唉，今天不怎么样啊，哈德森大姐。你看看，这天气这么热，气死人了。这种鬼天气，真要命啊！"

奶奶一边给他拿香烟，一边附和着说："啊，是啊！嗯，嗯……"一直抱怨了十多分钟，爱普生才离开了小店。

又有一次，邻居汤姆一进店门就向奶奶抱怨道："哈德森大姐，真是气死我了！我再也不想干犁地这活儿了！尘土飞扬不说，驴子还不听使唤。我真是干够了！你看看我的腿、脚，还有手、眼睛、鼻子，到处都是尘土，我真是干够了！"

奶奶仍然是那副老样子，一边给他拿东西，一边附和着说："是啊，是啊！嗯，嗯……"

等汤姆发完了牢骚离开小店，奶奶把苏珊拉到身前，问她："孩子，你听到这些喜欢抱怨的人说的话了吗？"苏珊点点头。奶奶接着说："孩子，在每个夜晚都会有一些人——不管是白人还是黑人，不管是富人还是穷人——酣然入睡但是再也不会醒来。那些与世长辞的人，睡觉时不会感到暖和的被窝已变成冰冷的灵柩，身上的羊毛毯已变成裹尸布，他们再也不能为天气热或驴子不听话而唠叨一分钟。孩子，你要记住：不要抱怨，因为抱怨不能解决任何问题。如果你对现状不满意，那你就设法去改变它。如果改变不了，那就改变你的心态去面对这些问题，但你一定不要去抱怨什么。"

长大后，苏珊牢记着奶奶的话，无论遭遇多大的挫折，她也从未抱怨过什么，最终靠自己的勤奋和智慧打拼出了一片天地，成了业界有名的女强人。

从这个故事中我们已经多少从爱普生和汤姆身上看到了自己的影

子，我们常常像他们一样，沉浸在生活无边的懊恼和抱怨中不能自拔。然而无论我们有多么烦恼、愤怒都不会解决任何问题，倒不如像奶奶所说：不要抱怨，如果你对现状不满意，不如就去设法改变它。

在从苏黎世到纽约的飞行途中，有两位邻座旅客相谈甚欢。其中一位是个投资商，他正在投资一家规模很小的科技公司，投入了很多资金，却收益甚少。他说他快被那家科技公司的老板气得吐血了。在整个飞行过程中，他始终没完没了地抱怨着。邻座问投资商，那个科技公司的家伙令他心烦意乱有多长时间了？"好几个月了！"他愤愤地回答道。

事实上，这位投资商是一个拥有数百万美元的富翁，在瑞士有一栋富丽堂皇的高档别墅，有一位贤淑而美丽的妻子，有3个可爱的孩子。但这些足以羡煞世人的福分，却统统被一个小公司的小老板轻而易举地给抹掉了，留在他脑中的全是挥之不去的无尽烦恼。

邻座乘客提醒这位投资商：你的责备从更深一层理解，其实是在责备自己用人不察、判断失误，从而在此次投资项目上，做出了一个错误的决定！投资商听到邻座的话之后沉默了一会儿，在经过认真思考之后，他认同了邻座的看法，其实这次确实是自己决策的失误，这么多天来，最让他恼怒的人，最应该责备的人，其实就是他自己。

但是，责备自己和恼恨那个科技公司的小老板一样，全都徒劳无益，于事无补。尽管这次他犯了这样的错误，但他依然是一个非常成功的商人，重要的是他应该从这次失败的商业活动中吸取教训，总结经验。终于，在飞行即将结束的时候，他决定，终止损失，卖掉那家科技公司，重新开始。

在现实生活中，很多人都存在这种抱怨的心理，但抱怨只会逞一时口舌之快，给自己徒增烦恼的同时也会给别人增加心理负担，有时不但不能很好地解决问题，反而会使事情越来越糟。我们要想真正地解决问题，唯一的办法就是学会改变！

9．要感恩不要抱怨

亨利·福特说：别光会挑毛病，要能寻找改进之道。

抱怨只能使自己悲观失望，丝毫无助于问题的解决。人悲伤时想哭，而哭会使你更加悲伤。要想走出这个怪圈，你必须首先止怒，放弃抱怨，用解决问题的态度思考问题。

14世纪，莫卧儿在一次战役中大败，自己蜷缩在一个废弃马房的食槽里，垂头丧气。这时，他看到一只蚂蚁扛着一粒玉米，在一堵垂直的墙上艰难地爬行。玉米粒比蚂蚁的身体大许多，蚂蚁爬了69次，每次都掉下来。当它尝试第70次时，蚂蚁终于扛着玉米爬上墙头。

莫卧儿大叫一声跳起来！蚂蚁尚能如此，我为什么不？莫卧儿终于重整旗鼓，打败了敌人。

在现实生活中，我们总爱抱怨命运对我们不公，总是抱怨自己无法成功，其实，人生在世，不可能万事如意。一味地发怒、埋怨生活，只会使我们变得消沉、萎靡、颓废，不如怀有一颗感恩的心，感谢生命中的坎坷辛苦让我们变得成熟、勇敢，只有积极面对，才能解决问题走向成功。

在企业界流传着这样一个故事。一个刚参加工作不久的年轻人找到一位著名的企业家，向他请教成功的秘诀。企业家要求他先介绍一下自己，于是年轻人用了很长一段时间讲述自己的良好品质以及所取得的成就。

当这位企业家针对这个年轻人的实际情况提出有关工作态度和职业方向的建议时，年轻人却并不愿意接受，他觉得自己没有成功只是因为环境问题，他没有遇上行业发展的机会，没有找到合适的平台，或者以往的老板不够重视他。这个年轻人相信，凭借自己的能力，如果时机成熟一定可以取得让人骄傲的成绩。因此，无论企业家说什么，年轻人总是找借口抱怨自己遭受的不公。

于是，企业家拿起身边的茶壶，慢慢地往年轻人面前的玻璃杯中倒水。玻璃杯满了，茶漫了出来。可是，这位企业家仍然继续倒着，年轻人惊讶地喊出来："别倒了，满了装不下了！"

这时，企业家才不紧不慢地收回手说："一个人就像是一只茶杯，如果里面已经装满了抱怨和不满，还能装下其他东西吗？你现在就像这只装满水的玻璃杯子，什么也听不进去。"

年轻人沉默了……

人生的际遇是不同的，有人大器晚成，有人少年得志，有人终生与孤独为伍，有人却是梅开何止二度？命运可能是生成的，也可能是造成的，这些都可以不管它，重要的是我们能够接受现实，而不是像故事中的年轻人一样，一味地抱怨自己"遭受的不公"，只有正视现实，正视我们所处的环境，然后才能谋求其他办法改造现实。

不如就让我们豁达一点、超脱一点，因为抱怨对人生来说永远是个负数，而心存感激则会让我们的人生道路更加顺畅。

在水中放进一块小小的明矾，就能沉淀出所有的渣滓；如果在我们心中孕育感恩，那么可以沉淀出多少浮躁、不安，消融多少不满与失意？！

感恩是一种处世哲学，感恩是一种生活的大智慧，感恩更是学会做人的支点。感恩其实就是不抱怨。

永远感恩的人永远不抱怨，他一辈子生活在阳光下，即使身在黑暗中，也可以从容穿越。

所以，感激伤害你的人，因为他磨炼了你的心志；感激欺骗你的人，因为他增进了你的见识；感激鞭打你的人，因为他消除了你的懈怠；感激遗弃你的人，因为他教导了你应自立；感激绊倒你的人，因为他强化了你的能力……

如果人人心中都能充满感激，这个世界就不再有邪恶、不再有痛苦、不再有忧愁、不再有仇恨、不再有报复……

用感恩的心面对生活，不抱怨，你便可以尽情地享受生活赐予我们的每一缕阳光。

第9章

学会忘记

我们无法抗拒生命的流逝，就像我们无法抗拒每天太阳的东升西落。所以，不要总把命运加给我们的一点儿痛苦，在我们有限的生命里拿来反复咀嚼回味；不要一味地缅怀和沉醉在过去的失败里痛苦不堪，无法自拔。我们应该学会遗忘，忘记过去的烦恼，忘记过去的忧愁，忘记过去的痛苦……因为总还会有许多美好的事情在前面等着我们！

1. 善忘者才能常乐

佛经里有个小故事，说小和尚和老和尚一起去化缘，小和尚毕恭毕敬，什么事都看着师父，走到河边，一个女子要过河，老和尚背起女子过了河，女子道谢后离开了，小和尚心里一直想着，师父怎么可以背那个女子过河呢？但他又不敢问，一直走了20里，他实在憋不住了，就问师父，我们是出家人，你怎么能背那女子过河呢？师父淡淡地说，我把她背过河就放下了，可你却背了她20里还没放下。

老和尚的话充满禅意，仔细想想，这也正是人生的道理。人的一生就是一次长途跋涉的旅行，一路行走，一路观赏，沿途总会看到各种各样的风景，也会历经许许多多的坎坷与磨难，如果把走过去看过去经过去的都牢记在心上，就势必会给自己增加很多额外的负担，阅历越丰富，压力就越大，倒不如一路走来一路忘记，永远保持轻装上阵。过去的就让他过去，时光不可能倒流，除了记取经验教训以外，大可不必耿耿于怀。

詹姆斯就是这样一个简单又快乐的人。当别人问他最近过得如何，他总是可以带给你令人琢磨不到的好消息。

他是美国一家餐厅的经理，当他换工作的时候，许多服务生都跟着他从这家餐厅换到另一家，这是为何呢？因为詹姆斯是个天生的乐天派，如果有某位员工今天状态不佳、运气不好，詹姆斯总是适时地告诉那位员工往好的方面想。

这样的情境真的让人很好奇，所以有一天有位友人到詹姆斯那儿问他："没有人能够老是那样快乐的，你是怎么办到的？"

对此，詹姆斯回答："每天早上我起来告诉自己，我有两种选择，我可以选择好心情，因为今天又是一个新的开始，一切都是崭新的；我也可以选择坏心情，因为昨天的某某事情令我不愉快，现在还在心里念念不忘。每当有不好的事发生时，我可以选择做个受害者，也可以选择从中学习，而我总是选择从中学习。每当有人跑来跟我抱怨，我可以选择接受抱怨，或者指出生命的光明面，让他忘记过去的不快，而我总是选择指出生命的光明面，让他忘记过去的不快。"

其实生活就是如此简单，要选择快乐，就要选择忘记过去的不快。印度诗人泰戈尔说过："如果你为失去太阳而哭泣，你也将失去星星。"为些鸡毛蒜皮的小事斤斤计较，为些陈芝麻烂谷子的往事耿耿于怀，只怕会使你的心灵之船不堪重负，会让痛苦的过去一直牵制你的未来，反而因此会失去很多。不是有一句老话说得好吗：生气是拿别人的错误来惩罚自己。老是念念不忘别人的坏处，实际上深受其害的是自己，既往不咎，才能做个快乐轻松的人。

记得一次，我去看望一位遭人诬陷的朋友，吃饭时，朋友接了个电话，听得出来电话那端是有人要告诉朋友诬陷他的人是谁，朋友说你千万别告诉我，我不想知道。我有些诧异，朋友解释说，知道了又怎么样？有些事不需要知道，有些事需要忘记。

我很赞赏朋友的豁达。人生不如意常十之八九，要让自己快乐，就必须给自己减压，减压的好方法就是学会忘记，人生需要能拿得起，有时候放得下更重要。

但人生活在物欲横流的经济时代，要想让人人都清心寡欲吃斋念佛那是不现实的，只能是一种心态的比喻。每个活生生的生命都有灵

第9章 学会忘记

性，也有七情六欲，影响心情的因素很多，特别是环境复杂、竞争激烈之时，也许成功与失败就在眨眼之间，究竟是什么样的心情只有自己清楚，长期心情复杂出现了许多心理疾病：抑郁、自闭症、失眠、沮丧、自卑等，这样的心情很影响人的生活质量，是个很烦恼的事情。那么，对这种心态能否用一句话来提示人们化解它呢？就像朋友所说：有些事需要忘记。是啊，人生的快乐就在于能够学会忘记！

能忘记的人，才能用忍耐的心去包容世上一切；能忘记的人，才能用坚毅的心去挑战任何考验；能忘记的人，才能用快乐的心去面对多变的人生！静坐长思己过，闲谈莫论人非，能受苦乃为志士，肯吃亏不是痴人，敬君子方显有德，怕小人不算无能，退一步天高地阔，善忘者才能常乐。

2．忘记与铭记

传说中有一个神仙降临人间，想帮助一些有困难的人。神仙来到喜马拉雅山下，发现山下的村民们生活非常困难，想帮助他们，于是神仙就把点石成金的本领教给了村民。可是神仙告诉村民，在他们点石头的时候，千万不要想起喜马拉雅山上的猴子，否则这个法术就再也不灵了。村民们很奇怪，因为他们并不知道自己和喜马拉雅山上的猴子有什么联系，但他们却照神仙的话去做了。结果一代又一代的村民们都学会了点石成金的本领，可同时一代又一代的村民也都记得在点石头的时候千万不能想起喜马拉雅山上的猴子。本来和村民们毫无关系的喜马拉雅山上的猴子，却因为村民们必须要忘记它们而被一代又一代的村民们记住了。

这世界上的很多事情就是这样，在你越是想要忘记的时候，反而会越清楚地记住了它；当你想要很清楚地把它记住时，反而却忘记了它。所以，人生不必强求，不如就让我们忘记一切该忘记的，铭记一切不可忘记的，以求难得的轻松自由，又可获取同样难得的饱满与充实，何乐而不为呢？

有篇故事新编写了这样一则故事：上帝耶和华曾造了两个人下派到人间，以了解人间生活境况。两人中一人叫作"忘记"，另一人唤作"铭记"。"忘记"是一个快活的小伙子，他对人间的万物产生了浓厚的兴趣，整天高兴不已。"铭记"则是一名中年汉子，他到人间之后，将所经之事一一铭记在心。当二人被重新召回之时，上帝询问此行人间的感受。"忘记"一脸快乐地抢先说着："人间实在是太有趣了！"问及趣在何处，"忘记"一脸迷茫，不知所措。问到"铭记"，他说："做人太累！"也难怪，"铭记"在人间从头至尾都在铭记，以致背上了沉重的思想包袱，岂能不累？上帝听了二人之言，哈哈一笑，转而神色凝重地说："唉，万事万物切不可走极端。人生处世，忘记是宝，铭记是福，做人一味忘记，他的人生固然轻松，但空虚乏味，无真正快乐而言；然而一味铭记，又必然为思想压力所累，亦无快乐可言。所以，真正快乐的人生应是忘记与铭记并重的人生哪！"

是啊，忘记与铭记原本就是一对亲密的孪生兄弟，二者不可偏取其一，只有忘记与铭记并重的人生才是真正快乐的人生。

每个人的一生中，首先都应该学会忘记，只有时时清空自己的心灵，才能真正拥有智慧幸福的人生。正如一个老人曾经说过："知道一切，恕有一切。忘了一切，乃得一切。"

历史学家总是期望用详尽的资料来系住人们对于历史的记忆，却不知真正的历史是人们用来忘记的。记住历史只能是对历史的一个重复而已，只有真正忘记才是另一个新生命的起始。

记忆有时就像一个顽皮的孩子，你去刻意寻它，却苦思而不得。

第9章 学会忘记

不经意间回首，它却跳跃而至。有时候对付麻烦最好的药方就是忘掉这些麻烦，而现实中我们却是常常忘掉了这个药方。于是佩服起两千五百多年前的庄周，那个善忘的人，把自己都忘丢了，搞不清是自己变成了蝴蝶还是蝴蝶变成了自己。可就是这一忘记，使他走出了原有生命的窠臼，超脱了生命，用一种俯视的态度来审视生活。

人在社会上行走，身上总会情愿不情愿地附着上许多东西。譬如怨恨、悲痛、忧愁、年龄、名利……记忆在能带给我们痛苦的时候不厌其烦，在能带给我们快乐的时候又总是漠不经心。生命的行囊太沉重，太孤苦，太零乱，太琐碎。沉湎于旧日的失意是脆弱，迷失在痛苦的记忆里是可悲。我们是要往前看的，所以有些东西还是得忘记。有位哲人说过："奋斗比成功更重要。"既然这样，我们又何必在乎成败得失的结果呢！我们能做的便是学会忘记。

忘记的同时，我们也应该学会铭记自己的人性、良知和独思。惟有如此，才能获得轻松自由、饱满而充实的人生。一如那坐在池边亭下泪流满面独酌的易安居士，用她的文字告诉我们她永远铭记着这一生中所经历的点点滴滴，那是她在"争渡"途中所做出的选择；一如那"面朝大海，春暖花开"的海子，告诉我们"从明天起"他将记住所有的人生之"水"，因为那是他用于"浇灌"他的"花儿"的"玉露"……

其实，生命的丰富多彩便在于我们得到的和失去的，遗忘的和铭记的。只要我们能学会怎样正确去看待忘与不忘，便可以获得智慧与幸福人生。

3. 忘记失败

在动物园中，饲养员是这样驯养大象的：在大象刚刚出生的时候，用一条很粗的铁链绑住小象的一只腿。小象由于好奇，经常希望到处跑，可是由于腿上有铁链，腿经常被磨破并因此受伤。渐渐地，小象为了不再因受伤而疼痛，老实地在铁链的范围内活动。小象一天一天地长大，当它成年后，我们往往看到只有一根草绳拴住大象的腿。虽然它可以随时挣脱，可是它还是老实地在一定范围内活动，由于儿时的疼痛记忆，让它虽有能力但却不敢挣脱。

心理学家也做过类似的试验：

在一个水族馆里养了一只鲨鱼，平时它最喜欢吃的就是青鱼，每次喂食青鱼时，鲨鱼都很兴奋地食用。心理学家在水池中放入一个透明强化玻璃隔板。喂食时，把青鱼放在隔板的另一边。第一次，鲨鱼看到青鱼兴奋地冲过去，可是由于玻璃板的存在，被撞得头晕脑胀。开始几次，它还是不懈地尝试，渐渐地，它尝试的次数越来越少。最后，当把玻璃板撤走后，即使青鱼游到鲨鱼身边，它也不再敢吃它——它对玻璃板的伤害还记忆犹新！

看完这两则故事，你想到了什么？这就是心理学提到的"心理制约"。很多人难以成功的原因，就在于给自己套上了无形的枷锁："我不行"，"我只能这样了"，"我不如别人"，之所以会产生这样的想法，就是因为自己以前失败过，而且失败的伤痛至今还"记忆犹新"。但一个人要想取得成功，就必须要学会忘记失败。只有忘记失败，我们才不会因暂时的挫折而郁郁寡欢，从而挫伤了自己的自尊和自信心。试问，一个没有自尊而又对自己没有信心的人，在自己的人生里会有什么建树呢？

比尔·盖茨在微软公司经常冒着失败的危险，他喜欢雇用犯过错误的人。"失败表明他们肯冒险，"他说，"人们对待错误的方式是他们应变的指示器。"

如果有人经历的失败足以葬送一个人为之奋斗的事业的话，那么，塞奥·捷曼正是战胜了这种失败的人。

1984年，可口可乐公司授权他扭转同百事可乐公司竞争引起销售下跌的不利局面。捷曼的策略是改变可口可乐的配方，以"新可乐"商标面市，并对此大肆宣传。然而，却没能保住旧可乐的市场。他的错误，从某种程度上讲要归咎于他的自负。

"新可乐"是自美国闻名的Easel汽车市场失利以来损失最严重的新产品。仅79天，旧配方的可口可乐又回到了超级市场的货架上。一年后，受挫的捷曼离开了可口可乐公司。

失败，以及由此带来的中伤、蒙耻、破灭感，并没有打垮捷曼。他是一位有勇气面对解雇、降职以及某种程度的失败并学会将这一切忘记，最后又东山再起的人。7年后，捷曼又杀回可口可乐公司。

当捷曼离开可口可乐公司后，他有14个月没与公司的任何人交谈过。他回忆："这些日子是孤寂的。"但是他并没有关闭任何门路，没有把自己封锁在过去失败的阴影里面。他和一个合伙人共同开创了一家咨询公司。在亚特兰大的地下室里，靠着一台计算机、一部电话和一台传真机，他的公司运作起来。逐渐地，他的咨询客户发展到像微软公司以及米勒酿造集团公司这样的大公司。

后来可口可乐公司甚至也来寻求他的建议。捷曼说："我做梦也没想到，公司会请我回去。"管理部门需要他协助整顿。"我们因为不能忘记失败而丧失了竞争力，"可口可乐公司的总经理罗伯特·格兹塔承认，"人只要运动就难免摔跟头。"

所以，谁都会有失败的时候，就看你是否能够忘记过去，卷土重来。

马丁·塞尔格曼这位大学心理学教授，曾对30家工业企业的雇员进行调查、研究。他说："那些能从失利中扳回优势的人是乐观主义者，他们把失败看成是永恒的，往往就能卷土重来。"

在每一个创业者心目中，都存在着盖茨、戴尔这样的榜样人物。每个人的心态和条件各不相同，但期盼成功却是每个人的共同点。

"一将功成万骨枯"，在现实世界里，许多人都会在他们的人生之路上遇到过各种失败和挫折。但无论如何，你都不能失去对未来的信心，更重要的是要学会忘记过去，笑对失败。

20世纪最伟大的励志成功大师拿破仑·希尔在他总结的十七条成功法则中，有一条就是"笑对失败"。拿破仑·希尔深信，"失败"是大自然对人类的严格考验，它借此烧掉人们心中的残渣，使人类这块"金属"因此而变得更加纯净。他忠告道："命运之轮在不断地旋转，如果它今天带给我们的是悲哀，明天它将为我们带来喜悦。"

在失败面前，至少有三种人：

一种人，遭受了失败的打击，从此一蹶不振，成为让失败一次性打垮的懦夫，此为无勇无智者。

一种人，遭受失败的打击，并不知反省自己，总结经验，但凭一腔热血，勇往直前。这种人，往往事倍功半，即便成功，亦常如昙花一现。此为有勇而无智者。

另一种人，遭受失败的打击后，能够审时度势，调整自我，忘记过去失败的经历，在时机与实力兼备的情况下再度出击，卷土重来。这种人堪称智勇双全，成功常常莅临在他们头上。

《圣经》里也有一段箴言："你若在患难之日胆怯，你的力量就要变得微不足道。"世界上没有永远的冬天，也没有永远的失败；在艰难和不幸的日子里，要保持斗志、信心和忍耐。成功的人也必然是一个能伸能屈、宠辱不惊、善于遗忘的人。

世界上没有转败为胜的诀窍，但只要你学会了忘记失败，并具备了临危不惧、重振雄风的信心和勇气，就拥有了披荆斩棘、所向披靡的利器，这样就必定能征服前行道路上的一切困难，到达成功的目的地。

4．忘记过去，从"0"开始

泰国商人施利华，是商界上拥有亿万资产的风云人物。1997年的一次金融危机使他破产了，面对失败，他只说了一句："好哇！又可以从头再来了！"他从容地走进街头小贩的行列叫卖三明治。一年之后，"施华利三明治"在泰国已是尽人皆知，在1998年泰国《民族报》评选的"泰国十大杰出企业家"中施利华名列榜首。他说，人倒霉不一定是坏事，就看你怎么去对待它。

是啊，当我们沉溺在昨天失败的痛苦中时，我们也就失去了前进的动力。倒霉不一定就是坏事，就看你有没有从头再来的勇气。如何才能让自己忘记昨天的失败，以好的心态迎接新的开始？或许，在阿迪达斯阿里纳斯"我的故事"新广告中会告诉我们满意的答案。

广告的文字大意是这样的：

"嗨，我是吉尔伯特·阿里纳斯。这是我的故事。我刚进入NBA的时候，职业生涯前40场比赛，我是在板凳上度过的。他们说我得把板凳坐穿。我想他们根本没看到我的天分。觉得我就是个"0"，一无是处。我没有坐在那里怨天尤人，而是不停地训练、训练。在没有人信任你的时候，你的任何努力都会为自己加分。这已经不是我能否打好篮球的问题了，我要证明他们是错的。

"为什么我的球衣是"0"号？因为我要提醒自己，每天我都要全力奋战。"

这是阿迪达斯给NBA奇才队当家明星后卫吉尔伯特·阿里纳斯拍的广告，也是让每一个人看了都会感到一阵辛酸外加十分激励的广告。

阿里纳斯在奇才队穿的是0号球衣，这也是他在亚利桑那大学穿的球衣。当时寂寂无名，有人讥笑他是个平庸之辈，还曾被人拿他的0号球衣开玩笑，说他给球队带来的贡献也将是0，即使在校队打球上场时间也会是零。身负这样的屈辱，或多或少造就了他喜欢独处的习惯，这让他看上去更像个孤独的勇士，他的大部分时间都是在板凳上度过的。

在刚到NBA的第一年里，阿里纳斯作为一个新人或者才华未被赏识的球员，没有队友的信任便没有出场的机会，这时如果他放弃，那么他可能一辈子会被人耻笑为"把板凳坐穿的人"。但是吉尔伯特却用实际行动告诉我们：不要在那里怨天尤人，而是要通过自己的努力和意志向别人证明你一样可以做得很出色。忘记过去的失败，从头再来，因为每天都是一个新起点，每天你都可以重新开始拼搏！

忍辱负重的阿里纳斯在沉寂了一个赛季之后，突然在接下来的赛季开始爆发，凭借出色的表现荣膺"进步最快奖"。在这一年的新秀挑战赛里，阿里纳斯和加索尔、杰弗森、基里连科、帕克、里查德森、廷斯利同时入选第二年新秀队。在新人们寸土必争的亮相舞台最终成为阿里纳斯的个人秀。身背0号球衣的阿里纳斯全场独得30分，其中23分贡献在下半时，在他的带领下二年级生在上半时落后12分的劣势下最终翻盘得

第 9 章　学会忘记

手，阿里纳斯同时获得此战的MVP（最有价值球员奖）。阿里纳斯在他的一年级生时期并没能得到参加新秀挑战赛的资格，经过两个赛季的努力之后，不仅入选新秀挑战赛阵容，还成为首位非首轮新秀的MVP。

从阿里纳斯的故事里，我们看到了，胜利总是让人欣喜的，不管做任何事情，我们都要想着去获胜，不要总想着给自己贴上"失败者"的标签。当我们沉溺在过去的失败之中无法自拔时，不妨用阿里纳斯的广告语提醒自己：忘记过去，从"0"开始！

5. 做一条善于忘记的鱼

有人说鱼的记忆只有7秒。7秒之后它就不记得过去的事情，一切又都变成新的，所以在那小小的鱼缸里它永不会觉得无聊，因为7秒一过，每一个游过的地方又变成了新的天地。

相信大家应该还记得，第29届百花奖最佳新人奖颁给了影片《隐形的翅膀》中的女主角雷庆瑶，直播现场，当雷庆瑶走上星光璀璨舞台的那一刹那，人们惊呆了，如此青春灿烂的一个女孩，竟然没有双臂。她满含热泪地表示感谢，感谢剧组、感谢百花奖，最后她竟然感谢命运馈赠给自己如此残缺的现实。她说："手臂的残缺让我比一般人更加懂得，一双隐形的翅膀充满怎样的力量。"

无法想象缺少双臂的青春会是多么的残酷，身体的缺陷是生命的沼泽，而雷庆瑶却选择忘却那片沼泽，转而铭记沼泽上的春天。那一刻人们忍不住潸然泪下。什么是勇敢？敢于面对缺失才是最大的勇敢。什么是乐观？善于忘记伤痛才是最大的乐观。

面对无能为力的10%

　　生活中的困难、挫折和苦闷，让我们屡屡碰壁，这样的尴尬也只保留7秒，7秒后，自动清零所有困境，像初生牛犊一样，闯进广阔天地，奋发图强。霍尼兹决恩就是这样一个能够忘记困境而取得成功的人。

　　霍尼兹决恩于1964年开始服务于CKN公司。这是一家世界最大的钢铁企业。可是他一进入这家公司时，发现这一公司的管理远不如他当初的设想。因为公司实际上完全没有形成整体，管理混乱。

　　70年代经济危机，在危难之时，他被任命为常务经理，面对即将崩溃的公司，乐观的他没有退缩，而是大胆地为公司做了几项非常棒的决策。使公司顺利地渡过了难关。

　　经济危机过后，在霍尼兹决恩的建议下CKN公司进军军用飞机市场，并生产出十分畅销的产品。这使霍尼兹决恩一跃成为公司的董事长。他把公司的下一个目标定为将公司转化为高效率的国际性集团公司。可是在他上任的第四个月里，英国出现了工业衰退的先兆，钢铁工业陷入了前所未有的困境。乐观的他并没有因此退缩，而是做出果断的决定，改变公司的生产结构。他卖掉了公司在澳大利亚钢铁业的股权和英国传统的机械公司，同时进行大裁员。当英国的工业衰退果真来到时，CKN公司安然无恙。

　　在霍尼兹决恩的带领下，经过六年多的奋斗，公司再一次从低谷中崛起，盈利达1.33亿英镑，霍尼兹决恩终于能够自豪地面对股东们说：CKN公司在开发复杂的新型机械产品和应用最新技术方面成为世界的领路人。

　　霍尼兹决恩正是用他的乐观精神，忘掉过去的一切困境，沉着冷静地分析当前局势并加以调整，才使得公司一次次渡过难关，最终取得了巨大的经济效益和辉煌成就。

　　所以，在面对困境时不如让我们学做一条善于忘记的鱼，因为在鱼的记忆里一切伤痛和困难都只有7秒钟。7秒一过，一切都是崭新的开始，在那片新的天地里，你可以重新展翅飞翔。

记得有位哲人曾经说过，人生是一道减法，不断减去琐碎和烦恼，正确答案就会越来越近。而我在这里却要说：生命就像一个小小的鱼缸，在有限的存储空间，快乐充足，烦恼也就会自动清零。

6. 生命如此短暂

一天，一名旅行者来到一个地方。不远处，一条小路蜿蜒而上，隐没在绿色的树林中。他循路走去，来到一道栅栏前。木门敞着，他顺着石铺的小径继续前行。

在荫翳蔽日的树林间散落着白色的石头。旅行者弯下腰来仔细端详，石头上刻有字迹：阿布杜尔塔艾格，活了8年6个月零3天。当他意识到这是一块墓碑时，心里不免一颤，一个孩子这么小就死了。他又转向另一块石头，上面刻着：亚米尔卡利贝，活了5年8个月零3个星期。看看周围，好像都是墓碑，原来这是一块墓地。他又读了几块墓碑，都是一样的形式：一个名字，一个在世的时间。时间最长的只有11年。他们的生命真是太短暂了，旅行者悲伤地哭了起来。

听到哭声，一位老人走了过来。他是负责看守这块墓地的。旅行者问："这里是不是发生过什么灾难？为什么这些死者全是孩子？是遭到什么可怕的诅咒吗？"

老人笑了笑说："别害怕，这里没发生过什么灾难，也没有遭到什么可怕的诅咒。我们这里有一个古老的习俗，当一个人长到15岁时，父母会给他一个本子。从此，每当遇到快乐的事情时，他就打开本子，把它记下来。在左边写上因为什么快乐，右边写上这个快乐持续了多长时间。比方说，他遇到了未婚妻，陷入热恋，这个相识的快乐持续了多长时间，是一个星期还是三个星期？他第一次亲吻她，他的妻子怀孕了，第一个孩子出生了，他出门旅游，在他乡遇到了旧识。这些都带给他多长时间的快乐，是几小时还是几天？就这样，他一点一滴地在本子上记下了经历过的每一次快乐。当他离开人世的时候，按照我们的风俗，人们打开他的本子，把他快乐的时间加在一起，算出总和，然后把这个时间刻在他的墓碑上。在我们看来，这个时间才是一个人的生命的时间。"

是啊，我们每个人的一生都是短暂的，快乐加起来的时间就更少，人生在世，何必为了一些不必要的烦恼让自己快乐的时间缩短呢，不如就让我们学会忘记。如果一个人不能够忘记过去发生的一切，那么他的一生也将变得疲惫不堪。美国有一名妇女就是因为自己拥有惊人的记忆力而烦恼不已。

她可以想起从1974年到今天的任何一天中她自己所做的几乎每一件事和那一天发生的其他重要的事情。不用看以前的日历，也不需要看以前的日记。很多人都说她是活人日历。想象一下，过去的30年，想起任何一天都犹如历历在目，仿佛每天都能够重新活一遍，多好。

可事实恰恰相反，这名拥有超常能力的妇女，却希望医生能够剥夺她的能力，因为她不想总是活在过去的记忆里，她说："这样的日子简直让人发疯！"

是啊，记住过去经历的每一天每一件事，该会给人的心理增加多么大的负担啊。有时"健忘"的人反而要比那些拥有良好记忆力的人更容易快乐。

中国古老的传说中有一种汤，喝下之后便会忘却一切。虽然这不现实，但我们依然可以试着去遗忘，忘记忧愁，忘记憎恨，忘记烦恼，忘记一切不愉快和记忆里想要忘记的东西，人也就不会在痛苦里苦苦地挣

第 9 章 学会忘记

扎。当一个人在无奈彷徨的时候，忽然的忘却该是一种多么大的幸福！

　　所以，人生不要太较真，既然生命如此短暂，不如就让我们学会忘记，唯有学会忘记一切应该忘记的，才会延长我们快乐的人生！

第 10 章

做一个积极的付出者

　　付出和接受是等价的，它是人们情感的储蓄，一味地索取，只会等来情感的毁灭，生命的真实意义就在于付出、在于给予。不要太过于计较你的得与失，做一个积极的付出者，因为在你付出最大代价的时候，同样你也会学到最重要的东西……

1. 付出才会有收获

有这样一个关于付出与回报的故事，或许能给我们一些启示。故事说有两个准备投胎转世的人被召到上帝的面前，上帝说："你们当中有一个人要做个只索取的人，另一个人要做付出的人，你们商量后自己选择吧。"

上帝的话音刚落，第一个人就抢着说："我要做索取的人。"这人想，索取也就是一生什么事也不用做，坐享其成的人生那可真不是一般的幸福。他甚至为自己的抢先一步感到无比幸运。另一个人没有其他的选择，于是，他做了那个甘愿付出的人。

多年以后，人们看见了这样的结果：那位选择付出的人成了一个大富翁，他乐善好施，给予他人，成了一位有名的慈善家，备受人们尊重。而另一位则做了乞丐，他一辈子都在不停地索取。原来，上帝是这样满足他们的要求的。

在我们的周围，总有些人想不劳而获，坐享其成，结果往往一无所有；而只有那些懂得付出的人才会拥有丰富多彩的人生，才能真正过上幸福快乐的生活。所以，只有不吝于付出、不计较回报的人，才能腾出新的空间，容纳新的机会。

有这样一个故事：

曾经有一个人在茫茫沙漠中行走了两天。途中遇到沙尘暴，一阵狂沙吹过之后，他已认不得正确的方向。正当快要支撑不住的时候，他突然发现前面有一幢废弃的小屋，便拖着疲惫的身子走进屋内。

这是一间密不通风的小屋子，里面堆了一些枯朽的木柴。他几近绝望地走到屋角，却意外地发现有一台抽水机。

那人兴奋地上前汲水，然而无论怎么操作，水泵也抽不出半滴水来。他颓然坐地，这时却发现抽水机旁有一个用软木塞堵住瓶口的小瓶子，瓶上贴了一张泛黄的纸条，上面写着："你必须把水灌入抽水机才能引水。请不要忘记，在你离去之前，一定要将水装满！"他拔开瓶塞，发现瓶子里，果然装满了清水。

这时候，他的内心开始进行激烈的交战——如果自私一点儿，只要将瓶子里的水喝掉，他就不会渴死，就能活着走出这间屋子；如果照着纸条去做，把瓶子里唯一的一点儿水注入抽水机内，万一水一去不回，他岂不就会渴死在这地方了——要不要冒这个险呢？

最后，他还是决定把瓶子里所有的水，全部灌入这台破旧不堪的抽水机里。他用颤抖的手操作汲水，地下清凉的泉水果真大量地涌现出来！

他喝够了，把瓶子重新装满水，并用软木塞封好，然后在瓶上的那张纸条下面，添加自己的一行文字："相信我，真的有用。在取得之前，先要学会付出。"

在取得之前，要先学会付出，如果他连最后瓶子里的一点点水都自私地喝掉，就不会有地下清泉的大量涌出，也许他永远也走不出沙漠了。所以人只有不吝惜付出，不计较得失，才会有更大的收获。林伟贤老师说过一句话：人生是算总账的过程，不要计较眼前的得失。当你成功的时候，老天会把你失去的一切都还给你。放眼开去，这一条路那么漫长艰辛，能时时付出，不计得失，难能可贵。这一定要有大智慧，或有佛家的宽容大度才行。

第10章：做一个积极的付出者

2. 再试一次

　　一对从农村来城里打工的姐妹，几经周折才被一家礼品公司招聘为
业务员。

　　她们没有固定的客户，也没有任何关系，每天只能提着沉重的钟
表、影集、茶杯、台灯以及各种工艺品的样品，沿着城市的大街小巷去
寻找买主。五个多月过去了，她们跑断了腿，磨破了嘴，仍然到处碰
壁，连一个钥匙链也没有推销出去。

　　无数次的失望磨掉了妹妹最后的耐心，她向姐姐提出两个人一起辞
职，重找出路。姐姐说，万事开头难，再坚持一阵，兴许下一次就有收
获。妹妹不顾姐姐的挽留，毅然告别了那家公司。

　　第二天，姐妹俩一同出门。妹妹按照招聘广告的指引到处找工作，
姐姐依然提着样品四处寻找客户。那天晚上，两个人回到出租屋时却是
两种心境：妹妹求职无功而返，姐姐却拿回来推销生涯的第一张订单。
一家姐姐四次登过门的公司要召开一个大型会议，向她订购二百五十套
精美的工艺品作为与会代表的纪念品，总价值二十多万元。姐姐因此拿
到两万元的提成，淘到了打工的第一桶金。从此，姐姐的业绩不断攀
升，订单一个接一个而来。

　　六年过去了，姐姐不仅拥有了汽车，还拥有一百多平方米的住房和
自己的礼品公司。而妹妹的工作却走马灯似的换着，连穿衣吃饭都要靠

姐姐资助。

妹妹向姐姐请教成功真谛。姐姐说："其实，我成功的全部秘诀就在于我比你多试了一次。"

只相差一次啊，原本天赋相当、机遇相同的姐妹俩，自此走上了迥然不同的人生之路。

不只是这位姐姐，生活中许多取得成就的人，他们的最初成功也都源于"多试了一次"。

大家都知道凡尔纳是一位世界闻名的法国科幻小说作家，但很少有人知道，凡尔纳为了发表他的第一部作品，曾经遭受过多么大的挫折。

1863年冬天的一个上午，凡尔纳刚吃过早饭，正准备到邮局去，突然听到一阵敲门声。凡尔纳开门一看原来是一个邮政工人。工人把一包鼓囊囊的邮件递到了凡尔纳的手里。一看到这样的邮件，凡尔纳就预感不妙。自从他几个月前把第一部科幻小说《气球上的五星期》寄到各出版社后，收到这样的邮件已经是第14次了，他怀着忐忑不安的心情拆开一看，上面写道，"凡尔纳先生：尊稿经我们审读后，不拟刊用，特此奉还。某某出版社。"每每看到这样一封封退稿信，凡尔纳心里都是一阵绞痛。这次是第15次了，还是未被采用。

凡尔纳此时已深知，那些出版社的"老爷"们是如何看不起无名作者。他愤怒地发誓，从此再也不写了。

他拿起手稿向壁炉走去，准备把这些稿子付之一炬。凡尔纳的妻子赶过来，一把抢过手稿紧紧抱在胸前。此时的凡尔纳余怒未息，说什么也要把稿子烧掉。他妻子急中生智，以满怀关切的感情安慰丈夫："亲爱的，不要灰心，再试一次吧，也许这次能交上好运的。"听了这句话以后，凡尔纳抢夺手稿的手慢慢放下了。他沉默了好一会儿，然后接受了妻子的劝告，又抱起这一大包手稿到第16家出版社碰运气。

这次没有落空，读完手稿后，这家出版社立即决定出版此书，并与凡尔纳签订了20年的出书合同。

凡尔纳成功了，他之所以能够取得成功，就在于他"再试了一次"。

有时成功只是你头脑中瞬间闪出的念头，你已经为你的理想付出了，可是由于你滑倒的次数太多了，你没有勇气再站起来，可是成功就在离你不远的地方，你只需要再试一次就够了。如果你放弃了，那么成功将与你擦肩而过。既然已经付出了那么多，为什么不再多试一次呢？那比失败多出来的一次付出，就是成功。

3．满满一大杯牛奶

一个出身贫苦的男孩，为了积攒学费而挨家挨户地推销商品。

这天傍晚，他奔走了一整天，又累又渴又饿，可身上只剩下一毛钱。他决定向下一户人家讨一口饭吃。可是，当一位天使似的姑娘打开大门时，他却有点儿不知所措了。他不好意思张口要饭吃，只求姑娘给他一口水喝。

姑娘看出他的疲惫和饥饿，微笑着给了他满满一大杯牛奶。

男孩饥不择食地喝完牛奶，嗫嚅地说："我应该付您多少钱？"

姑娘仍旧微笑着对他说："您不用付钱。妈妈经常教导我们，施以爱心，不图回报。"泪水涌上男孩的眼眶，他轻轻地说："那么，就请您接受我由衷的感谢吧！"

其实，男孩本来是打算退学的，如今，他仿佛看到上帝在朝他点头微笑，他觉得浑身有劲，男子汉的豪气又迸发出来了。

若干年之后，有一位来自小城镇的姑娘得了一种罕见的重病。当地的医生束手无策，只好把她送到大城市去，请专家们会诊治疗。

一位有名的医生参加了会诊。当他看到病历上记载的家庭地址时，他马上直奔病房。来到病床前，他一眼就认出了：这位病人就是当年送过满满一大杯牛奶给他喝的天使。他回到办公室，决心竭尽所能，回报这位"施以爱心，不图回报"的姑娘。

经过艰辛的努力，手术成功了，姑娘渐渐康复。这位医生要求医院把账单送到他的办公室，他付清了一切费用，并微笑着签上了自己的名字。

姑娘坚持要知道她应该支付多少医药费。可是当账单送到她的手上时，她又不敢看，因为她确信：这笔费用将会花去她所有的积蓄，或许，还不够。最后，她还是鼓起了勇气，颤抖着翻开了厚厚的账单。末尾的签字锁定了她的目光，她不禁轻声读了出来："医药费——满满一大杯牛奶，霍华德·凯利先生。"

这是一个令人感动的故事，结尾却又那么让人欣慰。

从这个故事中我们看到了：往往不计回报的付出却能让人获得意想不到的惊喜。

一个人只有把付出看得比获得更重要、更快乐，才能够去不计代价，付出本身，已很使你满足了，那么所有额外获得的，都只不过是副产品。只有这样，你才能享受到真正的自由。甚至，只有这样，才可能获得更多。难道不是吗？假如你时刻计算人生的成本，那么，所谓的利润，也不可能超越你的想象。因为，你付出的一切都已变质了，已非最珍贵的东西。种瓜只能得瓜，种豆只能得豆。如果世间万事皆如此的话，就没有奇迹了。奇迹只会为奇人而出现。

世上本没有免费的午餐，若想获得什么，首先要学会付出。不劳而获是很困难的，几近于天方夜谭。但是，在付出的同时，人也不要有太强的目的性。否则，不仅仅是在侮辱对方，也是在侮辱自己。我想，总有些东西是无价的，总有些事情是无偿的，总有些人——能够做到无怨无悔。当然，这是人生的最高境界。

第10章：做一个积极的付出者

4. 要得到喝彩与掌声，就要付出超人的努力

世界上的雄辩家，有很多都是在最初被认为说话笨拙的人，狄里斯就是其中一个。

狄里斯生于公元382年，在西欧被称为"历史性的雄辩家"。据说，他的声音很低，而呼吸很短促，口齿不清，旁人经常听不懂他在说些什么。

不过，他的知识非常渊博，因此他的想法也相当深奥，很擅长分析事理，几乎无人能出其右。

当时，在狄里斯的祖国首都雅典，有很严重的政治纷争，因此，能言善辩的人格外受到重视，一向能先提出时代潮流和趋势的狄里斯，认为自己缺乏说话技巧是很不适宜的。于是他做了一番充分的考虑，并且准备好演讲的内容，从容走上了演讲台。但是，很不幸地，他遭到了可怜的失败。

原因就在于他那发出的低音和肺活量不足，口齿不清，以至于别人无法听清楚他所说的话。但是，狄里斯并不灰心，他反而比过去更努力地训练自己的胆量和意志力。

他每天都跑到海边去，对着浪花拍打的岩石大声喊叫，回家以后，又对着镜子照自己说的话的嘴型，做发音练习，一直持续不辍。狄里斯就是这样努力了好几年，直到他27岁时，终于再度走上台向众人演说。

辛苦的努力总算有了成果。他这次盛大的演讲，得到了许多的喝彩与掌声，而狄里斯的名气，也就这样打响了起来。

谁都想得到别人的喝彩与掌声，谁都想取得令人羡慕的成功，但这得之不易，需要付出努力，而且要付出超越常人的努力。唯有如此，我们才能超越自己、超越别人。怎样才能做到这一点呢？

那就要求我们无论做什么，都要全心全意地投入，选择好自己要做的事，就要专心致志，全力以赴地去做，选择了自己的路，就要一路走好，只有这样才能超越别人，并有所成就。

要专心做一件事确实不易。由于人的时间、精力、脑力有限，老天对每一个人的时间是公平的，一天24小时大家都一样。所以当你在一生或一段时间内选择一两个目标时，就应该把所有时间、精力、脑力用在这方面。社会上有一些专才或专家，他们连一般的生活常识也不清楚，但他们对某些专业方面比一般人都在行。这就是因为他节约了其他的时间，专心做一两件事，他们在这一两个方面花的时间比其他人多得多，所以成功了，并在这方面有了比人家更多的回报，这也是一种捷径。

总之，要比别人优秀，要想取得成功，就要付出十一分的努力，只有比常人多付出那"一分"的努力，并且能够一直坚持到底的人，才能比别人优秀，才能先于别人取得成功。而那些马马虎虎、混沌甚至是三天打鱼两天晒网的人，最后的下场只能是一事无成。

第10章：做一个积极的付出者

5．坚持付出多于回报

A对B说："我要离开这个公司。我恨这个公司！"B建议道："我举双手赞成！！破公司一定要给它点儿颜色看看。不过你现在离开，还不是最好的时机。"A问："为什么？"

B说："如果你现在走，公司的损失并不大。你应该趁着在公司的机会，拼命去为自己拉一些客户，成为公司独当一面的人物，然后带着这些客户突然离开公司，公司才会受到重大损失，非常被动。"A觉得B说得非常在理。于是努力工作，事遂所愿，半年多的努力工作后，他有了许多的忠实客户。

再见面时B问A：现在是时机了，要跳赶快行动哦！

A淡然笑道：老总跟我长谈过，准备升我做总经理助理，我暂时没有离开的打算了。

其实这也正是B的初衷。一个人的工作，只有付出多于回报，让老板真正看到你的能力大于位置，才会给你更多的机会替他创造更多利润。

日本东京岛村产业公司董事长岛村创业时先以5角钱的价格购进45厘米长的麻绳，然后原价卖给东京一带的工厂。由于价格便宜，很多公司成为岛村的客户。一年后，岛村拿着购货收据找到客户，说明实情，客户为他的真情感动，自愿把价格提高到5角5分。接着他又去麻绳厂交涉，厂家看到他给客户的收据存根，十分感动，答应每根麻绳的售价降为4角5分。买主卖主一升一降，岛村每根绳子可获利1角，按照每天1000万条交货量计算，他一年的利润就是100万日圆。岛村由此发展起来。

陈安之说过：一个人成功不是靠自己，而是靠别人帮助，你越愿意付出，越愿意与别人分享你所拥有的，就会有越多人愿意帮助你，你的收获也就越多。

在我们的生活当中，总是会有很多很多的无奈，特别是一个人想干出一番事业，想能够有所成就，都会遇到无情的阻力。其实也很简单，想成功，想要过上好的生活你就要比别人多付出，也应验了那句话："付出才会有所收获"，天上不会掉馅饼，自古至今，都没有记载过天上掉馅饼的事情，所以我们也不要盼望在我们身上会发生奇迹。

成功就是要不计回报地付出，当你有理想的时候，就要告诉自己，"我一定要坚持"。如果没有坚持为你保驾护航，即使再好的想法，也会因为挫折与失败让你失去信心，困难与迷茫总是会让我们焦头烂额，把我们压得喘不过气。事实就是如此，没有一个人，能够随随便便地成功，想成功就要付出比收获喜悦多得多的汗水，甚至有时还会付出我们最宝贵的生命。

在世间最容易的事是坚持，最难的事也是坚持，只要我们愿意做，人人都会做到。我们感叹这个世界，坚持的人太少，因为大多数人都是在付出一段时间后看不到收获，便放弃了，以至于成功的人实在是太少太少。坚持，坚持，还要坚持。既然要有所作为，还要过上幸福的生活，更要证明自己，唯有坚持付出多于回报，我们才会有所成就，有所成功。

我们要深信世上最伟大的推销员所说的一句话："只要生命不息，就要坚持到底。"

第10章：做一个积极的付出者

6. 学会付出，享受快乐人生

　　人生是非常短暂的，如何享受快乐的人生，不同的人有不同的追求。有的人默默无闻，甘于付出，他们把无私地为他人、为社会谋福利当作人生最快乐的事，在付出中充实并丰富自己的人生，从而享受人生的快乐和幸福！而有的人却挥霍无度，乐于索取，他们把吃喝玩乐、游戏人生当作是人生追求的最高境界，所以当他们觉得自己付出后却得不到自己想要的东西时就会生出抱怨。

　　其实人生有时就像在钓鱼。当有的人质问"为什么付出的总是我？"时，他恨的可能不是付出，而是付出了若干饵却最终没钓上来所瞄的鱼（比如回报）。其实原因很简单，明眼鱼一看都知道饵里藏着钩。真想解决问题也简单，不如换个态度，干脆把钩扔掉，把饵吃掉，一头扎到鱼群里。你不就是想有条鱼好好生活吗？也许在你游来游去蓦然回首时，那鱼就在你回头的不远处。

　　一个人要选择一种怎样的人生，取决于他的人生态度和人生追求，虽然我们无法要求每个人都有积极的人生态度和美好的人生追求，但至少我们应该选择一种快乐的生活方式，懂得在力所能及的前提下，付出自己的力量，为他人、为世界留下一点美好，在不求任何回报的付出过程中享受短暂而快乐的人生。

　　佛经中有这样一个故事：有一位善生长者，一个偶然的机会，他得到了世界上最稀有、最宝贵的旃檀香木做的金色盒子。但善生长者并没有把这个价值连城的宝贝私藏起来，而是到处宣扬说："我要把这宝贵的东西赠送给世间最贫穷的人。"

于是，很多贫穷的人蜂拥而至，有乞丐、残疾、孤寡等各种受苦的人，他们纷纷向善生长者讲述自己的不幸和生活的艰辛，想要证明自己就是世间最贫穷的人，以便得到这个值钱的宝贝。但善生长者对每一个前来讨宝盒的人说："你还不是世界上最贫穷的人！"

很快全国各地的穷人都来到了善生长者的住地，但善生长者一点儿也没有交出宝盒的意思。于是大家纷纷议论起来："他是没有诚心要把这个金色盒子送给别人。"

善生长者听到大家的议论就出来说道："我告诉你们，世界上最贫穷的人不是别人，他就是我们的国王波斯匿王，他才是世界上最贫穷的人。"

这个消息很快就传到了波斯匿王耳朵里，波斯匿王非常不高兴："哼！我是一国之君，怎么可以说我是世界上最贫穷的人呢？去，把善生长者给我抓来！"

波斯匿王把善生长者带到收藏珍宝的库房里，就问善生长者："你知道这是什么地方吗？"

善生长者说："这是收藏黄金的金库。"

"那个是什么地方呢？"

"那是收藏银子的银库。"

"那是什么地方呢？"

"那是珍藏珠宝的宝库。"

波斯匿王大声责问道："你既然知道我有这么多的财宝，怎么可以在外面散布谣言，说我是世界上最贫穷的人呢？"

善生长者笑道："陛下，您确实有很多财宝，但是您是管理国家的国王，不是管理库房的管家，何必炫耀这些财宝呢？国家的强盛是您的家业，人民的贫富是您的衣裳，百姓的毁誉是您的脸面。您的库房堆满金银，百姓却生活在水深火热之中。您的国家有这么多乞丐、残疾、孤寡等各种受苦的人，是他们让我以为他们的国王也是一个衣衫褴褛、满脸污秽的人。"

波斯匿王满脸惭愧地说："你说得没错！"当即下令，把仓库里的财宝拿出去救济那些穷苦的人。从那以后，波斯匿王不论走到哪里都会受到人民的尊敬和爱戴。

一个人是否富有，并不在于他得到多少、拥有多少，而是看他为他人、为社会奉献多少，因为生命中最重要的不是得到，而是要懂得付出。一个懂得付出的人，才能够懂得快乐的道理。禅语里说：常常使别人过快乐日子的人，自己也必定很快乐。如果我们真正体会到了这些，那么，请打开我们的心灵之门吧，把我们的爱心播撒到世界任何一个需要的地方，把付出当作一种享受，让别人获得快乐的同时，也体味付出带给自己的快乐和幸福！

7. 不停地奔跑

张先生原本是家很大的国有企业的高层管理者，领导着几千人的队伍。然而他却在邻近50岁的时候在众人不可思议的眼光中辞去处级公职，"下海"开了家小小的柯达快速彩印店，目前只"领导"着店里雇佣的六名员工。

一开始的时候，张先生很不习惯，周围的人也都不理解，甚至还有一些人说些较难听的话。但张先生觉得这个以"京麒麟"为字号的店完全是他自己的事业，自己的空间，他做起来一点儿没有压力，当别人再嘲笑他的时候，他自己却在开心地"偷着乐"。

毕竟张先生是有过多年大型企业管理经验的，把自己的管理才能用在这间小店上便显得游刃有余，而且别有一套。张先生的看法是：不管多么小的店，如果你不专心，不下功夫，一定不会做好的。

张先生对品牌选择和店址确定都进行了充分的市场调研，了解行业的生存空间、领头羊的情况，以及针对什么样的顾客群确定什么层次的店，然后才胸有成竹地放手去做。作为柯达的加盟店，在店面的设计、家具装修、店员培训等方方面面都能得到柯达的全力协助和支持，这是加盟品牌的好处，张先生正是看重了这一点。

店开起来以后，张先生更是注重企业管理的方式方法，他主要着重从四个方面去苦心经营：质量、服务、信誉、管理。他店里的打片师傅是从别处挖过来的有十几年经验的老手；彩印用的所有药剂和相纸严格坚持全部从柯达进货，中间不做任何手脚，在柯达对加盟店的质量评鉴中，每季都赢得特优奖；讲究诚信经营，确保信誉第一；实施上门服务，为顾客取卷送片；在对员工提出严格的要求的同时，给他们开同行业里最高的工资。

如此这般，两年多做下来，张先生的顾客全都成了回头客，还有许多顾客成了小店的老朋友，甚至有一些老主顾搬家离开了之前所住的那一带，还是会把胶卷攒在一块儿再大老远地拿回来交给他们冲洗，图的就是高质量和一个放心。

张先生的生意越来越红火，当初的投资如今早已收回，目前他正在考虑做更大的投资了。当有人问张先生成功的秘诀时，他笑了笑，只说了一句：只要自己认为是对的事，就要专心去做，别让自己停下来，坚信付出就会有回报。

犹太民族中，也有一句流传很广的语句与张先生的观点不谋而合，

第10章：做一个积极的付出者

就是——坚信,付出就会有回报!犹太人信奉,竞争意味着适者生存、优胜劣汰。犹太人曾遭受过其他民族没有经历过的痛苦,所以他们深深懂得这一点。尽管他们受尽了歧视和迫害,但他们从来不消极悲观,而是积极进取,不停地进行着奋斗。他们有极强的时间观念,认为消沉和坐以待毙不仅是对自己生命的不尊重,更是把宝贵而有效的时间白白地浪费掉了,将可能的财富和机会拱手让时间冲走,这不仅是可恨的,而且是可悲的!

生活的道路上,我们总是在和别人赛跑,也总是在不停地和自己赛跑,我们可以掌控的是自己,但是时间却在不停地向前走。因此,在时间的海洋里,我们只能不停地奔跑,不断地付出,唯有这样,才会获得成功。

8. 不要吝惜你的付出

在一家实力全球排名数一数二的广告公司做经理的凯瑟琳,不管工作中遇到多么重要的事情,她都可以推迟,因为她要去观看8岁儿子在学校的表演活动。她在自己的文章中这样写道:“工作是可以弥补的,而我儿子成长过程中的每一个重要事件,却是不可重复的。”她很好地处理了工作和家庭的关系,成功地经营着这家广告公司,同时拥有着幸福的家庭。

在我们的印象里,我们对于家庭的观念要比西方人保守得多,可是看看身边很多的同事,都维持着一种忘我的工作状态,他们对于家庭、亲情所付出的要比自己在工作中付出的要少得多。我们总以为在工作中的忘我表现,也是为了家庭中自己所深爱的人。

记得前几年一位朋友在一个不错的单位工作，他们的经理为了提高公司效益，要求每位专职干部晚间继续在各自的岗位上班，几个月下来，大家都在这样高强度的劳动下心力交瘁，提出了离开这家公司的要求。那位经理用金钱作为酬劳，最后还是弄得离心离德，不少人因此各奔东西。这位朋友的孩子出生不久，妻子心怀不满，家庭危机重重。这位朋友没有继续在那家公司工作，而是和老板翻脸，也离开了那家公司。现在这位朋友在新的公司工作，生活条件虽然没有太大改变，但是家庭却很温馨和睦。

这位朋友和凯瑟琳的做法有着相似的地方，就是他们都能够尊重自己的内心，珍惜亲情，没有向金钱低头。但生活中往往很多人却无法做到这一点，他们觉得，他们之所以这么辛苦地工作，就是为了家人，为了让父母安度晚年，为了让子女衣食无忧，为了让爱人生活幸福……所以几乎把所有的精力都花在工作上，一门心思地想升职、想赚钱，结果往往把自己弄得疲惫不堪，还在不知不觉中忽视了你原本很在乎的亲情。

亲情和金钱、亲情和地位，说起来简单的选择，却实实在在是一种艰难的内心斗争。当亲情遇到金钱时，有些人会选择金钱，因为他们确信金钱是万能的；也有些人会选择亲情，因为他们知道亲情是无价的，而且错过了就不会再重来。

这个世界最无法拒绝的就是亲情，而一个人对自己最亲近的人唯一能做的就是在他活着的时候为他多做些什么。我们都惧怕辛苦，但有时候我们愿意吃苦，愿意付出，因为付出的同时，你也会享受到那份难得的亲情。

享受亲情并不是一件很奢侈的事情。即使没有事业、没有成功，也可以为自己所爱的人付出。在没有成功之前，自己同样有资格去享受亲情。如果不懂得这一点，我们在努力的路上就会丢失太多，漠视太多珍贵的感情。请记住：不管什么时候，我们都不要对亲情吝惜你的付出，只有这样，我们才能拥有无悔的人生。

第 **11** 章

恐惧是我们的大敌

恐惧是我们的大敌，不安、焦虑、忧郁、愤怒、胆怯都从恐惧中演变而来。恐惧使快乐的人痛苦，使聪明的人变为懦夫，使无数人遭受失败，使无数人陷于卑微境地。但是，恐惧只不过是心智的状态，人的心智状态是可以控制、可以导向的。

1．人与大海的另类接触

很多人都看过美国著名作家海明威的代表作、象征性小说《老人与海》。大致内容是这样的：古巴的一个名叫圣地亚哥的老渔夫，独自一人出海打鱼，在一无所获的84天之后钓到了一条无比巨大的马林鱼。这是老人从来没见过，也没听说过的，比他的船还长两英尺的一条大鱼。鱼的劲非常大，拖着小船漂流了整整两天两夜，老人在这两天两夜中经历了从未经受的艰难考验，终于把大鱼刺死，拴在船头。然而这时却遇上了鲨鱼，老人与鲨鱼进行了殊死搏斗，结果大马林鱼被鲨鱼吃光了，老人最后拖回家的只剩下一副光秃秃的鱼骨架和一身的伤。最后却得到了人们的赞赏。

这是一个典型的"硬汉"形象，也可以说是人类向自己内心恐惧和命运发起的一次战争。人类在神秘的大自然面前，感觉总是渺小的，但只要能克服内心恐惧，用顽强的精神征服自然，就会逆转自己的命运。或许，就在人与大海的搏斗中会给我们一些人生启示吧。曾经看过这样一篇文章觉得很受启发。

被誉为"华人环球航海第一人"的翁以煊，1959年出生于北京。1978年考入哈尔滨科技大学计算机系；1980年在美籍伯父的赞助下去了美国。后毕业于美国德州图库大学（University of Texas at Austin）计算机科学系，并先后在波士顿和加利福尼亚州从事计算机软件的开发工作。但即使是这样一个热门又令人羡慕的工作，也没有阻挡翁以煊追求自己梦想的步伐。他于1998年放弃了软件开发工作，毅然地选择了自己所钟爱的航海事业。

常人不能想象终年漂泊天涯是怎样一种人生。翁以煊是这样说的："我至今仍没有家，没有女朋友，一个人，我不买房子，但买了帆船。"从三十岁开始接触船，之后他的船——信天翁号，就成了他半生的家。

印象主义派画家高更为了自己的理想，一个人跑到荒岛上去过一种苦难的艺术生活。在常人眼里，这样的人几近疯狂。而像翁以煊这样一个在北京古老京城长大的人，为什么偏偏会喜欢船这样一种漂移不定的东西？

翁以煊说：我放弃了软件开发事业，因为那不是我想要的生活，可能这和我的性格也有关系。而且我也觉得没有什么值得我去放弃我所钟爱的航海事业，包括家庭和工作。让我选择，我想我只能选择航海。

只有克服了所有内心恐惧，战胜自己的人，才能活出真实的自我。对翁以煊而言，航海不仅仅是梦想，更是他自我生命的外在体验、享受刺激和跨越人生的最高境界。

1998年12月14日，翁以煊驾驶单桅帆船"信天翁号"从旧金山金门桥起航，以3年4个月零26天成功环绕世界。途经26个国家及地区，航程两万一千海里，经过三大洋（太平洋、大西洋及印度洋）、四大洲（北美洲、南美洲、澳洲、非洲），及五大角（合恩角、好望角、鲁汶角、塔斯梅尼亚西南角、斯悌沃尔特西南角）。在经历了这些极限挑战之后，翁以煊说："玩船的魅力就在于对于恐惧的战胜。"

恐惧并非来自自然，而是来自人心。他说，当我第一次花了一天的时间驾船到岛上时，因为怕锚抛得太紧而拔不上来，又担心锚没抓紧，夜里睡觉船会随风飘走而左右为难，最后只得又开了回去。

　　而克服恐惧之后所带来的刺激和到颠峰时产生的快感，正是玩船令人迷恋上瘾的地方。南大洋的五大角历来是航海家挑战自然和自我的终极目标。翁以煊说他差点儿也在那里出事。到斯蒂沃尔特岛的西南角的那天夜晚，海面上风暴突起。风以每小时150公里的速度撕裂和摧毁着海面上的一切，仿佛发怒的宙斯。雨点和水点如子弹般扫射，每一个浪头都可以把驾驶舱灌满。

　　一直熬到第二天傍晚，当天空出现了彩虹，一只信天翁骄傲地飞过，斯蒂沃尔特岛的西南角在绚烂的晴空下温柔地露出娇容。翁以煊突然感觉出了生命的意义和价值，这就是人生，作为自然界唯一的强者，一个男人必须具备力量和胆魄，生命因经受了洗礼而变得辉煌。

　　是啊，人生可以有诸多享受。可以是伟大的征服，可以是无限的情感，可以是敏锐的投机，可以是思想哲理，可以是虚幻的梦，也可以是肉体的感官娱乐，每个人都可以拥有不一样的生活，也都会有不一样的享受。但无论怎么样，只要你能有勇气战胜恐惧，执著梦想，就可以驾驭自然和人生，享受到战胜困难、达到生命颠峰给我们带来的快感。

2．不要让恐惧"吞噬"成功

德国导演法斯宾德(Rainer W．Fasssbinder)有一部著名的影片——《恐惧吞噬灵魂》。而在生活中，恐惧的心理也会将成功的机会"吞噬"殆尽。它是矛盾之根，又是冲突之源。出于恐惧的心理，人们在工作中常常伴随着出现许多不良的情绪，如：忧虑、装假、显摆、封闭、堕落等。为了避免这种因不良情绪而引起的严重后果，我们必须主动出击，才能化解恐惧，迎来成功。

著名电影明星克拉克·盖博就是一个不畏惧失败而取得成功的人。大家都看过他所主演的电影。他所饰演的都是高傲、游戏人间、懂得享受人生的角色。

在他还没有成名的时候，他就是过着这种生活方式：他从来不畏惧失败，不害怕尝试任何新的事物，他有冒险精神。他曾在矿区给别人送过水，也曾在一家钢铁厂担任计时员。第一次世界大战结束后，他为一家服装店服务。在他20岁的时候，他在修车厂担任修车工人，他的勤劳，使他很快得到了提升。他曾经替一家公司演戏，并加入一家巡回戏班演出两年，薪水很少。后来他又当过伐木工人。

这些经历并没有给他带来对生活的恐惧，相反，他获得了丰富的人生阅历，他并没有失败，因为克拉克·盖博那时就已经是成功人士了。在他的眼里，成功和活得愉快是同一件事，只要自己敢想敢为，即使生

第11章：恐惧是我们的大敌

活经济拮据，亦是一种成功。

而对通用汽车的前任总裁哈洛·科蒂斯而言，他的成功则表现在经济方面所取得的成就。

科蒂斯的家庭并不富裕，他只受过高中教育，1914年他在通用汽车公司的一家附属公司里担任小职员。到他35岁时，他已成了这家公司的实权人物。后来当他被任命为该公司别克汽车部门的总经理时，年龄也没有超过40岁。

科蒂斯非常热爱工作。他是位积极进取的主管，他大刀阔斧地对别克公司进行改革，没有畏惧可能因之而来的失败，亲自抓销售，并亲自到乡间拜访别克汽车的经销商，为经销商们鼓气，促进销售，开拓更大的市场。

在全球金融发生危机的那4年里，他却使别克汽车的销售量增加了4倍，由他负责的别克公司成为通用汽车公司集团中第二赚钱的机构。

科蒂斯的年薪是75万美元，但这代表不了他的成就，他的成就远胜过这笔惊人的薪水。他热衷于为自己以及他的员工计划切合实际的目标，更热衷于克服随着这些目标而出现的障碍，从而培养勇夺胜利的习惯。

查理斯·艾伦在商界地位很高。他15岁离开学校，在华尔街为别人送信，19岁时就创立了自己的投资公司。令人感到不可思议的是，他到26岁时已经赚进又赔掉了几乎100万美元。

艾伦的成就在于对自己评断股票的能力充满信心，从来不会去想如果投资失败了会怎样，就是这股信心帮助他赚得了大笔金钱。他起初没有多少钱，也没有良好的关系，就在他赚了一笔钱后，又立即碰上股票市场大跌。在那段经济不景气的悲惨岁月中，有很多人承认自己失败，抽回资金，不敢再去投入。但艾伦却不畏惧失败，他重新恢复了自己的事业，使得他的银行投资公司不但成为盈利公司，而且知名度还挺高。因为他做事果断、干练，因此在投资中取得了巨大成功。

可见，他们的成功正是源于对失败的无所畏惧和对自身力量的充分肯定。任何人在成功之前，难免都会遇到各种障碍。但如果你想在生活中获得胜利，那么就一定要让自己具备极大的勇气，只有首先战胜自己内心的恐惧，才能够最终取得成功。

3. 大胆选择，摈弃恐惧心理

我们在做决定时遇到的困难，可以视为阻止我们在人生的道路上阔步前进的最大恐惧之一。曾经有人哀叹道："有时候我感觉自己就像站在两捆干草之间的一头驴，无法决定自己想吃哪捆干草，可与此同时，我都快要饿死了。"当然了，具有讽刺意味的是，当他不做出选择，就等于正在选择，只不过是在选择饿死。他正是在选择去剥夺自己享用人生盛宴的机会。

可问题在于，我们从小就被大人们教导说："小心！你可能做出一个错误的决定！"一个错误的决定！只要听到这句话便让我们内心感到恐惧。我们担心错误的决定将会剥夺正确的决定能够给我们带来的一切，包括亲人、朋友、爱人、金钱、社会地位等等。

与此息息相关的是我们在做决定时的惊慌。出于某种原因，我们觉得自己应该完美无缺，而忘了我们是从犯错误中学到新知的。当我们考虑着要做出一项变化或者尝试一种新的挑战时，我们想做完美无缺的人的需求以及我们想操控事物发展结果的需求，都把我们吓得茫然不知所措。

如果上面这番话说的就是你自身存在的情况，那么我将向你表明：你是在做无谓的忧虑。在人生的道路上，无论你做出了什么选择，或者采取了什么行动，实际上你都不会有任何损失，而只会有所收获。

亚历克斯就是一个绝好的例子。他现在在洛杉矶担任一位实习心理医生。他最初打算沿着父亲走过的道路，做一位律师。他毕业时的成绩非常优秀，而且毫不费劲地进入一家知名的法律学院深造。他学习非常刻苦，在头两年里成绩优秀。但是在家消磨掉的时光，使他人生的主要追求发生了变化。他开始认识到自己并不想让一生都在一个"格斗圈"度过。在他眼中，律师的职责需要一个人每天在这种领域与人一争高低。他想以另外一种方式去帮助他人，他认定临床心理学更适合他这样个性的人去钻研，他还意识到当初自己做出当一名律师的决定，一部分原因是为了取悦他的父亲。但现在，他与内在的自我有了更多的沟通，于是便做出离开法律学院去攻读心理学的决定。他的父亲客套地祝福了他，但拒绝再给他支付大学学费，这样一来，自然增加了他下决心的难度。然而，亚历克斯相信自己的能力，毅然从那种不能满足他需要的局势中脱身而出。

有些人甚至包括亚历克斯的父亲在内，都把在法律学院的那两年看成是对时间的浪费，但亚历克斯却从来不那么看。在不断探索的过程中，亚历克斯发现律师这门职业并不适合自己。在法律学院上学期间，亚历克斯结交了许多好朋友，直到今天他们之间仍保持着很好的朋友关系。而且，他从头两年的学习中所收集到的信息，对他此后的个人成长与事业进步帮助很大。

对亚历克斯来讲，所能收获的好东西远不止这些。由于他的父亲不再为他支付学费，为了有足够的钱去攻读自己的心理学学位，他不得不工作了两年时间。那两年时间算是被浪费了吗?根本没有。他在一家建筑公司的那段工作经历让他收获颇丰：他体验到了一种截然不同的生活方式，而且通过他的一位工友，他结识了一位漂亮的女性，这位女性后来成了他的妻子。最终靠着奖学金及随后的两份兼职工作，亚历克斯顺利地拿到了心理学博士学位。

这一系列经历对亚历克斯的成长来说，堪称无价之宝，它教亚历克斯学会了为自己的人生承担责任。亚历克斯的父亲确实通过让亚历克斯自食其力，给了亚历克斯巨大的帮助，或许当时他们两都没有意识到这一点。亚历克斯在人生的道路上悟出了这样的道理：如果一个人极其渴望达到某个目标，那么总有一条达到那个目标的途径。如果有这么一条途径，那么不断努力的人终将发现它。亚历克斯明白即便当时他没能获得奖学金，他还会找到其他的办法。因此，他满怀信心地做出了事关自己前途的决定。请大家牢记，隐藏在我们所有恐惧背后的，就是缺乏对我们自己的信心。亚历克斯并没有过多地考虑结局如何，即便它意味着失去经济支持及延期毕业。他每迈出一步，都是学会相信自己有能力实现追求的一次机会。

所以，你尽可以信心十足地去改变自己的思想，不要让恐惧占领你的心灵，大胆地做出自己的决定，因为你要知道，无论你做出了什么选择，或者采取了什么行动，实际上你都不会有任何损失，而只会从中有所收获。

4．不要畏惧贫穷

对贫穷的恐惧是最具破坏的恐惧。贫穷与财富（这里使用的"财富"一词，是最广义的解释，它指的是经济、精神、心理和物质的资产）之路是不可能妥协的，因为它们完全相反。如果你希望拥有财富，则必须拒绝接受导致贫穷的任何环境。而走向财富的起点就是充满成功的欲望。当你已经知道了通往财富之路的航线，那么，只要你一心一意沿着预定的路标前行，你就一定能达到预想的目标。但是相反，如果你一直怀疑自己的选择，那么成功的美丽只会遥遥地在远方嘲笑你，而你

第11章：恐惧是我们的大敌

也没有人可以怪，所有的责任都在于你自己。如果你不想拒绝这些就要来临的财富、成功，那么你只有接受一样东西——良好的心态。心态是个人自己调整的东西，多少金钱都无法买到，它只能由你自己来创造。

"我家很穷，可以用一贫如洗来形容。"美国副总统亨利·威尔逊这样说道，"当我还只有1岁的时候，贫穷已经把我的父母折磨得死去活来。我一辈子都不会忘记，当我向母亲要一片面包而她手中什么也没有时是什么滋味。我从10岁到21岁都在当学徒工，每年能够接受一个月的学校教育，最后，在苦熬11年后，我得到了一头牛和6只绵羊作为报酬。我把它们换成了84美元。我21岁了，长这么大，我从来没有无谓地浪费过一个美元，每个美分都是经过精心算计的。当我靠双脚步行在陡峭的盘山路累得全身虚脱乏力时，我不得不请求我的同伴们丢下我先走……没过多久，我带着一队人马进入了没有人烟的大森林里，去采伐那里的大圆木。每天，天还没有亮，我就会第一个起来，然后就一直辛勤地工作到天黑后什么也看不见为止。在一个月不分白天黑夜的辛劳努力之后，我获得了6个美元作为报酬，当时它对我而言可是一笔不菲的数目啊！我激动得一夜失眠。"

生存条件虽然如此不利于威尔逊，但是他没有向贫穷屈服，他积极、勇敢、乐观，不让任何一个发展自我、提升自我的机会溜走。他为自己设定了人生目标，于是视时间为生命，紧紧地抓住，一心一意地向着目标迈进。

在他21岁之前，他通过各种途径读了1000本好书——想一想看，对于一个农场里的孩子，这简直是个奇迹！在离开农场之后，他步行到远在100英里之外的马萨诸塞州的内蒂克去学习皮匠手艺。不辞劳苦步行经过了波士顿，在那里他可以看见邦克-希尔纪念碑和其他历史名胜。数百英里的路程只花费了他1.6美元。一年之后，他成为内蒂克众多辩论俱乐部的名人。后来，他在马萨诸塞州的议会发表了著名的反对奴隶制度的演说，这使他在马萨诸塞州名声大噪。12年之后，他与显赫人物查尔斯·萨姆纳平起平坐，进入了美国政坛。

威尔逊没有畏惧贫穷，没有错过任何一个机遇，正是因为他的这种无畏的精神和良好的心态，最终使他得到了丰厚的回报。这也让我们了解到：恐惧贫穷其实只是一种心态而已。但即使这样，它也足够破坏一个人在任何事业中成功的机会。所以，我们只有正视贫穷，调整好心态，克服内心对贫穷的恐惧，为自己树立远大的人生理想，并抓住一切机会向它努力，才能取得成功，获得你想要的人生财富。

5．犹太人的"风险游戏"

把"危机"拆开来讲便是危险和机遇。在生活中，人的机遇与成功往往存在于危险之中，而只有敢于冒险的人才能最终获得成功。在商业运营过程中，风险与盈利往往并存并成正比。高风险意味着高回报。人们只有提高对机会把握的能力，对伴随机会而来的风险不患得患失、犹豫不决、瞻前顾后，才能使机会不在自己面前白白溜走，才能让自己成为风险财富的拥有者。

犹太民族历经磨难，但在看待事物的发展趋势时却常常抱积极乐观的心态。他们凭借化险为夷的生存技巧，将风险游戏操纵得出神入化。犹太商人有一种理念，就是"只要值得，就要去冒险"，这种在风险中淘金的做法，是犹太商人非常令人折服的一种投资方式。下面这个例子可以说明这一点。

1898年5月21日阿曼德·哈默生于美国，他上大学时，就开始经营父亲留给他的药厂事业，成效显著，他因之而成为当时美国唯一的大学生百万富翁。1921年他赶赴苏联，成为贸易代理人，聚集了巨额财富。1956年58岁的哈默收购即将倒闭的西方石油公司，并成为世界最大的石油公司的创业者。1974年哈默的西方石油公司年收入达到60亿美元的惊人数字。哈默一生与东西方政界领导人关系密切，声誉传遍全球。

1921年的苏联，经历了内战与灾荒，急需救援物资，特别是粮食。哈默本来可以拿着听诊器，坐在清洁的医院里，不愁吃穿地安稳度过一生。但他厌恶这种生活。在他眼里，似乎那些未被人们认识的地方，正是值得自己去冒险，去大干一番事业的战场。他做出一般人认为是发了疯的抉择，踏上了被西方描绘成地狱似的可怕的苏联。当时，苏联被内战、外国军事干涉和封锁弄得经济崩溃，人民生活十分困难，霍乱、伤寒等传染病和饥荒严重地威胁着人们的生命。列宁领导的苏维埃政权采取了重大的决策——新经济政策，鼓励吸引外资，重建苏联经济。但很多西方人士对苏联充满偏见和仇视，把苏维埃政权看作是可怕的怪物。到苏联经商、投资办企业，被称作是"到月球去探险"。

哈默成了第一个在苏联经营租让企业的美国人。此后，列宁给了他更大的特权，让他负责苏联对外贸易的代理商，哈默成为美国福特汽车公司、美国橡胶公司、艾利斯——查尔斯机械设备公司等三十几家公司在苏联的总代表。生意越做越大，他的收益也越来越多。他存在莫斯科银行里的卢布数额惊人。

第一次冒险使哈默尝到了巨大的甜头。于是，"只要值得，不惜血本也要冒险"，成了哈默做生意的灵魂。

1956年，哈默已经58岁了，他感到他自己干实业已经干够了，便移居洛杉矶，准备用游泳、日光浴、捐赠珍藏等活动来消磨自己的余年。

没料到财神又一次把他拖回来，把他投入到他一生最赚钱的生涯——冒险性很大的石油行业中去。

石油钻探事业毕竟是一项冒险性很大的行业。1961年，西方石油公司几乎用完了1000万美元勘探基金，但仍无所建树。哈默计划集中余力，攻克难点。这计划吸引了一个名叫鲍勃的青年地质学家。他向哈默建议：旧金山以东有一片被德士古石油公司放弃了的地区，这地区可能有天然气田，西方石油公司应该把它租下来。几个月以后，果然在附近钻出了一个蕴藏量丰富的天然气田。

利润像石油一样开始源源不断地流进西方石油公司的账户，冒险再次使财富垂青这位冒险家。

正是因为哈默敢于冒险，善于观察分析市场行情，并能够把握良机不犹豫，才最终成为了几次"风险游戏"中的大赢家。从哈默的身上，我们也看到了犹太人那种敢于闯荡，敢于冒险，投身危险境地去探索、去创造的精神，正是因为这样，犹太人才能获得别人看不到的商机，做成别人做不成的生意。所以，为了追求成功，为了创造更加幸福美好的生活，我们也必须克服惧怕心理，敢于闯荡和探索，才能在风险中获得回报，才能赢得我们人生游戏的辉煌。

第11章：恐惧是我们的大敌

233

6．点点头，说声"是"

　　"对你的生活说'是'"，这是老师珍妮·艾克曼偶然对一个不断抱怨生活特殊境遇的学生讲的，"无论你身处何种境地，只要你对它说声'是'，你就会发现它所具有的神奇效果。"

　　生活中总是存在着某种我们难以控制的因素。而那些意外事件的发生或是发生意外的可能性都会使我们产生很大的恐惧感，预见到最糟糕的结果。需要牢记的是：说"是"是消除恐惧感的一剂良方。

　　说"是"意味着接受生活所赋予我们的一切，可以让我们远离那些阻碍的力量，提高观察时的新角度的可能性和让我们放松身体，平静地审时度势，从而减少不必要的不安和忧虑。这除了对缓解情绪有所帮助，对身体健康的益处也是毋庸置疑的。说"是"是治愈失落、拒绝、错失机会等的良方，是应对内心潜藏最深、最暗的恐惧感的神奇工具。

　　我们来看个查理的故事，他的故事证明了说"是"的力量。查理自小生长在纽约的贫民窟。他的硬汉形象使他一直自信不已，直到有一天，一次街头的斗殴使他受到了严重的枪伤，脊椎骨折，腰以下全部瘫痪了。他在自己刚刚残疾的时候，几乎丧失了所有的希望、所有的意志。正如他自己描述的那样："对于一个男子汉来说，丧失行走能力之后实在太艰难了，更何况在毫无准备的情况下又失去了肠胃控制能力。"他被送到一家条件非常好的康复中心，但他拒绝帮助。于是中心打算把他送回家，找一个能够负责照顾他生活的人。这时恰恰是个转折点。查理突然意识到他如果被送回了家，就彻底没有任何机会了。对于他来讲，这是一个说"是"或"不"的关键时刻。后来所有一切都要感谢查理当时说了"是"。

一旦做出抉择，查理的进步是显而易见的。机会向他敞开了大门，而他以前从未想象过。他决定了自己的人生目标：去帮助那些处在痛苦挣扎中的人们，不管他们为什么而痛苦。查理是一个很好的范例。正如他所说的："如果我能做到，你们一定也可以。"查理坦诚地对我说，很奇怪，他现在非常感谢已经成为残疾的现实，因为这让他终于意识到他可以为这个世界做什么样的贡献。

在事故发生之前，查理并没有注意到他的生命也会如此有意义。现在他相信，在意外发生前的他实际更有缺陷，而从那以后，他从生存中获得了极大的满足。

我们再来看两个例子。如今，人们对棒球非常推崇。吉米·皮尔沙是个优秀的棒球选手。他优秀的由来也正是因为他对自己说了"是"的结果。

皮尔沙一度是波士顿红袜队一名年轻球员，因为一上场就紧张，所以常常精神崩溃，而且是在大庭广众之下发生精神崩溃——美国棒球联盟的棒球球员常常是报纸头条新闻的制造者——通常，像皮尔沙这种情形，一般都会自动地退出球队，以避免为自己带来难堪的局面。但是吉米没有这样做，他在人生遭遇低谷时，毅然地选择了对自己大声说"是"。于是他仍然回去打球，不气不馁，心平气和，苦练球技，一连在球场坚持了整整7年，终于实现了美国棒球球员的最高目标。他还为克里夫兰红人队效命，同样取得了辉煌成绩。

著名的魔术表演家何丁尼在魔术表演方面成就很大，他的名字就

第11章：恐惧是我们的大敌

是魔术师的代名词，也代表魔术表演。他所取得的这些成就也正是因为他对自己说了"是"的结果。何丁尼早期在马戏团中表演，好些年都一直充当小角色，他的家人坚决不同意他干这一行，世界上也没有人认得他，而且他的生活越来越困难。在最终走投无路的时候，何丁尼曾经不停地问自己：是否还要继续坚持下去？终于，他对自己说："是的，因为我热爱魔术表演。"于是他反复地研究及练习各种魔术手法，不断地尝试更新改进，终于用他的恒心与毅力征服了所有人。

　　吉米·皮尔沙和何丁尼之所以能够取得成功，就在于他们敢于对自己、对命运说"是"。人生给我们提供了许多机会让我们练习对这个世界说"是"。一旦能在日复一日之中掌握这个概念，你就可以准备去应对生活中出现的任何严峻的问题，你就会发现对恐惧的程度正在减弱，取而代之的是对掌控世界能力的信任感。如果敞开你的思想，你能发现每件事的原因和目标，一旦你能接受任何思想，那么你将无所畏惧。点点头，对自己大声说"是"，你会发现你的人生也会因此变得越来越快乐。

7. 不要害怕死亡

有一个人很害怕死亡。他心里想着："死亡是在前面呢，还是在后面呢？"

他想道："人总是在往前跑的时候死亡，例如飞机失事、车祸丧生。所有的动物也都是在往前逃命的时候被捕杀的。从来没有动物是在后退时丧生，所以，死亡是从后面追赶的。"

他得到一个重要的结论："要避免被死亡追上的唯一方法，就是走得更快速、更匆忙。"

于是，他每天总是行色匆忙，不论是吃饭、工作或走路，都比从前的自己快了三倍。

有一天，他匆匆忙忙地赶路时，突然被一个白胡子的老人叫住。老人问他说："你如此匆忙，是在追赶什么呢？"

他说："我不是在追赶，我是在逃开呀！"

"逃开什么呢？"老人问。

"逃开死亡！"

老人说："你怎么知道死亡是在后面呢？"

他说："因为所有的动物都是在往前逃命被死亡追上的。"

老人说："你错了！死亡不是在起点时追赶，而是在终点时等候的。不论你跑快或跑慢，都会抵达终点。"

第11章：恐惧是我们的大敌

"你怎么知道?"

"因为我就是死神呀!"老人说。

那个人大惊失色:"你今天出现,莫非我的死期到了?"

死神说:"喔!你不用害怕,你的死期还没有到,只是你一直跑得太快,我的兄弟'活着'一直向我抱怨赶不上你,如果你不和他会合,和死亡又有什么两样呢?他特别请我通知你慢一些呀!""我要如何才能和'活着'会合呢?"

死神说:"首先,你要站着不动,把心静下来,然后你要环顾四周,用心体会、用爱感觉、用所有的力量来品味,活着就会赶上你了。"当他把心静下来的时候,老人说:"你回头看看,我的兄弟来了。"他一回头,老人不见了,却看见了从来没有看见的、美丽的街景。

是啊,死亡,无疑是所有人类害怕的东西中最为强大最为残酷的一种。我们之中没有任何人愿意走向死亡,人类生生世世搏斗的,也不过是为了抗拒死亡而已。但人类又不仅仅是为了抗争死亡而活,人类的伟大正是在于人类能够享受并利用这一神圣的过程。我们完全有理由、有能力让我们活着的每一天都更加美好。如果我们像故事中的人一样,为了逃避死亡而整日劳碌奔波,那么最后吃亏的还是自己,你也会因此而错失很多。不如让我们客观冷静地来面对死亡吧。

组成这个世界的也不过是两种东西:物质和能量。根据基础物理知识,物质和能量都不能被毁灭。如果一定要说出点什么,那无疑是能量了,既然能量无法毁灭,那么生命也是如此。生命会永远反复转化绵延不休的。让我们相信:死亡只是一种转化的形式而已。

如果你还是认为死亡不只是改变或转化,那么请相信死亡之后是安静而永恒的睡眠,而安静的睡眠更无须害怕了。所以,你完全可以消除对死亡的害怕,也不要畏惧人生过程中可能遭遇到的各种失败。

拿破仑·希尔说过:"千万不要把失败的责任推给你的命运,要仔细研究失败的实例。如果你失败了，那么继续学习吧。可能是你的修养或火候还不够的缘故。你要知道，世界上有无数人，一辈子浑浑噩噩、碌碌无为。他们对自己一直平庸的解释不外乎是"运气不好"、"命运坎坷"、"好运未到"。这些人仍然像小孩那样幼稚与不成熟；他们只想得到别人的同情，简直没有一点儿主见。由于他们一直想不通这一点，才一直找不到使他们变得更伟大更坚强的机会。

所以，克服对死亡的害怕心理的最佳方法就是：冷静地看待生命流淌的过程，让自己有追求成就的强烈欲望。因为一个整日为成功而忙碌的人，怎么还会有多余的时间来考虑死亡呢？

8．恐惧是我们的大敌

恐惧属于生命的一部分，你我都在劫难逃，它以不同的面貌伴随在我们的左右，从诞生直至死亡。虽然人类不断尝试，想要借由各种巫术、宗教与科学，思索克服、减缓、战胜或是约束恐惧，但都没能成功地驱除恐惧。

恐惧心理，是在真实或想象的危险中，个人或群体深刻感受到的一种强烈而压抑的情感状态，它与过去的心理感受和亲身体验有关。俗话说："一朝被蛇咬，十年怕井绳。"有的人在过去受过某种刺激，大脑中形成了一个兴奋点，当再遇到同样的情景时，过去的经验被唤起，就会产生恐惧感。恐惧心理还与人的性格有关。一般从小就害羞、胆量小，长大以后也不善交际、孤独、内向的人，易产生恐惧感。恐惧心理的表现为：神经高度紧张，内心充满害怕，注意力无法集中，脑子里一片空白，不能正确判断或控制自己的举止，变得容易冲动。

在生活中，恐惧还常常会使人感到痛苦，而最坏的恐惧就是时时预感着某种不祥的事情降临，这种不祥的预感会笼罩着一个人的生命。他们生怕遇到不幸的灾祸，生怕失去财产失去事业，生怕意外的悲剧，生怕患上危险的疾病。一旦走出家门，又生怕自己发生火车出轨、轮船沉没、飞机失事等等惨剧。在他们头脑里不幸与危险时刻笼罩着他的生活，令他惶惶不可终日。

恐惧能使人寿命减短，因为恐惧会破坏生理上的平衡、减弱人体的生理机能。恐惧能使人的体液改变其化学成分，无形中对身体产生不利影响。容易产生恐惧心理的人，常常很快就会衰老，甚至容易死亡。在世界上，恐惧埋葬了无数生命，引发了无数的悲剧。

恐惧对人来说没有一点儿益处，所以，我们一定要把恐惧这个恶魔从我们的生活中赶走。那我们应该怎样做呢？

控制恐惧的方法主要有以下几种：

1. 转移刺激：就是把刺激物暂时移开，但是这种方法不能从根本上消除对刺激的恐惧。有的学者报告，一个小孩看见田鸡就很惧怕，在两个月之内不让小孩见到田鸡，就暂时消除了惧怕。可后来，小孩又见到了田鸡，他仍然和从前一样恐惧。所以，这种方法其效果并不理想。

2. 屡现刺激：这是一种让人反复接受恐惧的刺激，使其逐渐适应这种刺激，而不再惧怕的一种方法。例如，有的人害怕针灸疗法，但针灸对他的疾病有较好的疗效，这时医务人员就要对病人讲解针灸的知识、针灸治疗疾病的好处，而且每天都给他适当进行针灸，这样时间长了病人也就慢慢适应了，不但不怕针灸反而很喜欢这种治病的方法。但是，使用这种方法控制恐惧是受一定限制的。比如，有的病人害怕针灸治病，甚至于一见到针灸针就吓得晕过去，在这种情况下硬让他接受针灸治疗反而会增加他对针灸的恐惧情绪，得不到预期的效果。

3. 条件联系法：这是一种较为有效的方法。我们来看个例子，曾经有人做过试验，一个3岁的小孩见了兔子就害怕，那么以后在他吃饭时，把盛有兔子的笼子放在较远的地方。从此每次在他吃饭时都把兔笼子提出来，而且逐渐缩短他与兔子的距离，结果是小孩不但消除了对兔子的恐惧，而且常把小兔放在自己腿上玩耍。

4.掌握知识法：人之所以会产生恐惧，大多是因为缺乏科学知识胡思乱想而造成的。有的学者说："愚笨和不安定产生恐惧，知识和保障却拒绝恐惧。"有的学者进一步指出："知识完全的时候，所有恐惧，将统统消失。"所以人们要多看书多学习科学文化知识，以科学的头脑去取代恐惧的心理。这种方法不但效果好，而且还可增长知识，可谓一举两得。

5.转移注意：就是使自己从恐惧的对象转移到与他无关的方面上去。其实生活中我们会经常使用到这种方法，比如，有的小孩最怕打针，但为了治病必须打针。这时医务人员在给他打针时，让小孩看看墙上的画，或给他个小玩具，使他的注意力集中在画或玩具上，而不再注意打针，恐惧也就消除了。这是一种比较有效的方法。

6.直接动作：这是充分发挥自己的主观能动性，积极主动地去接触恐惧的东西，最终达到消除恐惧的目地。例如，有人怕在众人面前讲话，一张嘴就脸红心跳，结结巴巴。那么，为了克服这种恐惧心理，于是就开始强迫自己，凡是遇到这种场合时都积极主动地开口讲话，有意识地锻炼自己的意志，提高自己的心理素质，恐惧感也就会慢慢消失了。这是最为直接最为有效的一种方法。

总之，为了驱除我们的大敌——恐惧，就要根据自己产生恐惧的不同心理，有意识地进行不同方式方法的训练，一步步加强，最终控制和克服这种恐惧心理。只有这样，我们才能步步向前，最终实现理想，出人头地。

第11章：恐惧是我们的大敌